Kuczera · Gustav Hertz

1 Gustav Hertz 22. 7. 1887–30. 10. 1975

Biographien
hervorragender Naturwissenschaftler,
Techniker und Mediziner Band 80

Gustav Hertz

Dr. sc. Josef Kuczera, Berlin

Mit 16 Abbildungen

LEIPZIG

Springer Fachmedien Wiesbaden GmbH · 1985

Herausgegeben von
D. Goetz (Potsdam), I. Jahn (Berlin), E. Wächtler (Freiberg),
H. Wußing (Leipzig)
Verantwortlicher Herausgeber: D. Goetz

Kuczera, Josef:
Gustav Hertz. – 1. Aufl. –
Leipzig: BSB B. G. Teubner Verlagsgesellschaft, 1985. –
84 S.: 16 Abb. –
(Biogr. hervorrag. Nat. wiss. Techn. Med., Bd. 80)

ISBN 978-3-322-00646-2 ISBN 978-3-663-12161-9 (eBook)
DOI 10.1007/978-3-663-12161-9

ISSN 0232-3516

1. Auflage
VLN 294-375/65/85 · LSV 1108
Lektor: Dipl.-Journ. Ing. Hans Dietrich

Gesamtherstellung: Elbe-Druckerei Wittenberg IV-28-1-710
Bestell-Nr. 666 258 7

00480

Geleitwort

Das wissenschaftliche Gesamtwerk von Gustav Hertz in der Entwicklung der modernen Physik umfaßt grundlegende theoretische Abhandlungen, Arbeiten in großen Industrieunternehmen wie Philips und Siemens, Anwendungen für die technische Nutzung der Atomenergie, erstreckt sich aber auch auf die Ausprägung des Arbeitsstils seiner Schüler und vieler jüngerer Physiker. Ihnen wurde sein wichtigster Grundsatz zur Maxime ihres Handelns: „Sage das, was du vorbringen willst, ohne Umschweife in solider Begründung klar und verständlich ohne Allgemeinheiten oder Phrasen. Wenn du das nicht kannst, glaube ich dir ohnehin nichts." [47, S. 9] Nobelpreisträger Gustav Hertz genoß schon zu Lebzeiten bei seinen Schülern und Freunden sowie in der gesamten Fachwelt großes Ansehen. Ihm wurden zahlreiche nationale und internationale Auszeichnungen verliehen und viele gesellschaftliche Ehrungen zuteil.

Mit der nachfolgenden biographischen Skizze möchten wir einige wichtige Stationen „eines Lebens für die Wissenschaft und ihre humanistische Aufgabe, gegen ihre menschenfeindliche Vergewaltigung" [47, S. 8] zu umreißen versuchen. Obwohl es nicht möglich ist, auf alle Ergebnisse, die Gustav Hertz in Lehre und Forschung erzielte, einzugehen, hoffen wir, mit diesem Bändchen sein wissenschaftliches Werk möglichst vielen interessierten Lesern zu erschließen.

Potsdam, im Januar 1984 Dorothea Goetz

Inhalt

Einleitung

Leben und Werk von Gustav Hertz legen Zeugnis davon ab, daß die Entwicklung der Wissenschaften sich im Prozeß des experimentellen, theoretischen und praktischen Vorgehens als Bestandteil der gesellschaftlichen Entwicklung vollzieht.
In diesem Zusammenhang ist die historische Entwicklungsstufe von Interesse, die die physikalische Forschung zu der Zeit erreicht hatte, als Gustav Hertz in das Leben eintrat. Als Gustav Hertz geboren wurde, befand sich der Entdecker der Radiowellen und Begründer der Hochfrequenztechnik, sein Onkel Heinrich Hertz

2 Heinrich Hertz 22. 2. 1857–1. 1. 1894

3 Originalapparate, mit denen Heinrich Hertz die elektromagnetischen Wellen erforschte (1886/88)
links: Polarisationsgitter für elektromagnetische Wellen
rechts: Pechprisma zum Nachweis der Brechung elektromagnetischer Wellen (nach [67])

(Abb. 2, 3) inmitten jener Versuchsserie, die unter anderem auch den Streit zwischen der alten Fernwirkungstheorie der Elektrodynamik und der neueren Faraday-Maxwellschen Nahwirkungstheorie zugunsten der letzteren entschied. Dadurch erfuhr die klassische Physik ihre Vollendung.

Um 1890 war die Entwicklung der klassischen theoretischen Physik im wesentlichen abgeschlossen. Ihr Kernstück bildete die mathematisch bis zu einem hohen Grade von Vollkommenheit entwickelte Mechanik. Die gesamte klassische theoretische Physik beruhte auf der Vorstellung der kontinuierlichen Veränderlichkeit aller physikalischen Größen. Die allgemeinen physikalischen Gesetze wurden in Form von Differentialgleichungen, als Beziehungen zwischen den räumlichen und zeitlichen Ableitungen der physikalischen Größen, formuliert. So etwa in den Grundgleichungen der Hydrodynamik, aus denen man alle möglichen Bewegungen einer Flüssigkeit abzuleiten vermag. So etwa in den Maxwellschen vier partiellen Differentialgleichungen für die elektromagnetischen Vorgänge. Dabei betrachtete man die in den Maxwell-schen-Gleichungen enthaltenen und experimentell bestimmbaren Materialkonstanten als durch die Natur direkt gegebene Größen. Damals konnte man noch nicht daran denken, die Konstanten etwa aus dem atomaren Aufbau der Körper zu bestimmen [56, S. 17].

Eine Ausnahme hinsichtlich der in der klassischen theoretischen Physik geschilderten Vorstellungen bildete die kinetische Theorie der Gase. Ausgehend von der Erkenntnis der Gleichartigkeit von thermischer und mechanischer Energie hatten 1856/57 Carl Krönig und Rudolf Clausius, der den II. Hauptsatz der Thermodynamik formulierte und den Entropiebegriff einführte, die Grundlagen dieser Theorie entwickelt. Sie waren davon ausgegangen, daß „zwischen den Molekülen auf die Entfernung keine Kräfte wirken", sondern daß die Moleküle sich daher „geradlinig durch den Raum bewegen und nur bei Zusammenstößen mit anderen ... Energie und Impuls austauschen". Die absolute Temperatur wird als ein Maß für die mittlere kinetische Energie der Moleküle, „der Druck durch den bei Stößen der Moleküle auf die Wand an diese übertragenen Impuls" [56, S. 18] erklärt. Ab 1867 erschien das mehrbändige Hauptwerk von Clausius: „Die mechanische Wärmetheorie".

In der durch Maxwell erweiterten Form, der die Geschwindigkeitsverteilung der Moleküle des idealen Gases berechnete, vermochte „diese Theorie nicht nur das thermische Verhalten eines idealen Gases, sondern ... auch die bis dahin unverstandenen Erscheinungen der inneren Reibung, der Diffusion und der Wärmeleitung" zu erklären. „Für die drei letztgenannten Erscheinungen" ließ „sich die mittlere Länge des von einem Molekül zwischen zwei Zusammenstößen frei zurückgelegten Weges ... aus Meßergebnissen berechnen". Aus den so gewonnenen Werten der mittleren Weglänge einerseits und andererseits der Dichte des betreffenden Gases in verflüssigtem Zustand konnte Joseph Loschmidt erstmalig im Jahre 1865 „den Molekülradius und die Zahl der Moleküle pro Mol annähernd richtig berechnen" [56, S. 18]. Die Loschmidtsche Zahl $6{,}025 \cdot 10^{23}$ drückt die Anzahl der Moleküle im Mol eines Stoffes aus.

Über die Zusammensetzung des Atoms machte man sich damals noch keine Gedanken, da man zu dieser Zeit keine kleineren Teilchen als Atome kannte [50, S. 265–319]. Die Erfolge der kinetischen Wärmetheorie machten die Richtigkeit der ihr zugrundeliegenden Vorstellungen über jeden Zweifel erhaben.

Die neue atomistische Behandlung widersprach der bis dahin bestehenden Auffassung eines Gases als eines Kontinuums. Auch die Deutung von Druck und Temperatur als statistische Mittelwerte stand im Widerspruch zu der in der klassischen theoretischen Physik bestehenden Ansicht, die von scharf bestimmbaren und mit beliebiger Genauigkeit meßbaren Größen ausging.

So betrachteten noch um die Jahrhundertwende zum Beispiel Ernst Mach, der österreichische Physiker und Philosoph, der insbesondere über Strömungs- und Wärmelehre sowie über die Grundlagen der klassischen Mechanik arbeitete, und Wilhelm Ostwald, der unter anderem mit Svante Arrhenius und Jacobus Henricus van't Hoff die physikalische Chemie begründete, über Elektrochemie, Ionentheorie und Katalyse arbeitete, aus einer philosophisch-positivistischen Haltung heraus, die Realität der Atome als nicht bewiesen. Schließlich überzeugte aber die 1904 von Marian von Smoluchowski entwickelte und von Albert Einstein weitergeführte Theorie der thermodynamischen Schwankungen, insbesondere die Erklärung der Brownschen Molekularbewegung, die den Beweis für den statistischen Charakter der in der kinetischen Gastheorie betrachteten Erscheinungen erbrachte, die letzten Zweifler von der Realität der Atome.

Nachdem Max Planck im Jahre 1900 die Hypothese der Energiequanten eingeführt hatte, setzte eine Entwicklung ein, in deren Verlauf das Bild der Physik sich in wenigen Jahrzehnten grundlegend veränderte.

In dieser für die Entwicklung der Naturwissenschaften bedeutenden Zeit war Gustav Hertz herangewachsen und beschritt bald selbst den Weg zum Physiker. Sein erster großer Erfolg als Physiker resultierte aus den gemeinsam mit James Franck durchgeführten und gelungenen Elektronenstoßversuchen von 1912/13. Mit Hilfe eines Voltmeters konnte das Wirkungsquantum h bestimmt werden. Franck und Hertz erhielten dafür den Nobelpreis für Physik des Jahres 1925.

Als in der Industrie tätiger Physiker entwickelte Gustav Hertz physikalische Lösungen für technische Aufgaben, zum Beispiel für die Entwicklung von Leuchtstoffröhren. Er arbeitete unter anderem über Halbleiter, Gasentladungen, Ultraschall, Photoeffekt und Feldelektronenemission. Unter seiner Leitung entstanden hervorragend eingerichtete physikalische Institute. Er entwickelte 1932 das Gasdiffusionsgesetz zur Isotopentrennung. Mit Vorliebe und ebenfalls sehr erfolgreich war er als Hochschullehrer tätig. Die kernphysikalische Forschung verdankt Gustav Hertz wertvolle Anregungen und Beiträge sowie Verfahren zur Nutzung und Anwendung der Kernenergie. Als Humanist vertrat Gustav Hertz engagiert und leidenschaftlich die friedliche Nutzung und Anwendung der Kernenergie.

Der Weg zum Physiker

Hamburg–Göttingen–München–Berlin (1887–1911)

Gustav Ludwig Hertz wurde am 22. Juli 1887 als Sohn des Rechtsanwalts Dr. Gustav Hertz und dessen Ehefrau Auguste, geborene Arning, in Hamburg geboren. Als Gustav Hertz zur Welt kam, war Heinrich Hertz, der weltberühmte Physiker und Bruder seines Vaters, 30 Jahre alt. Heinrich Hertz, der Entdecker der elektromagnetischen Wellen, dem die Menschen als Folge seiner wissenschaftlichen Arbeiten die drahtlose Nachrichtenübertragung, Rundfunk, Fernsehen, Radartechnik, Radioastronomie verdanken, konnte ihm aber nur Vorbild sein, denn schon am 1. 1. 1894, als sein Neffe Gustav Hertz erst sechseinhalb Jahre alt war, erlag er, knapp 37jährig, einer Sepsis. Ein direkter Einfluß des Onkels bestand demzufolge nicht. Aber die nahe Verwandtschaft mit dem großen Forscher trug zweifellos dazu bei, daß sich bei Gustav Hertz schon frühzeitig ein Interesse für Mathematik und Physik entwickelte.

Entscheidend für Gustav Hertz war vor allem, daß sich sein Vater für die Arbeiten des Bruders interessierte und auch selbst die Bedeutung der Naturwissenschaften erkannte. Das veranlaßte ihn, schreibt Gustav Hertz,

> mich auf ein Realgymnasium zu schicken, in einer Zeit, in der allgemein noch der Besuch des humanistischen Gymnasiums als der gegebene Weg zum Hochschulstudium galt. Ich besuchte das Realgymnasium des Johanneums in Hamburg, eine ausgezeichnete Schule, an der eine Reihe hervorragender Lehrer wirkte. Dort begeisterte ich mich für Mathematik und Physik, und schon lange vor dem Abitur war ich entschlossen, diese Fächer zum Gegenstand meines späteren Studiums zu machen. . . Meine beiden Großvater und mein Vater waren Juristen. Wenn ich der Familientradition hätte folgen wollen, hätte ich also Jura studieren müssen. [48, S. 60]

So reflektiert Gustav Hertz in seinen späteren Jahren über seine Berufswahl.

Auf Grund seiner Erfahrungen als Hochschullehrer betont Gustav Hertz, man könne einem Menschen, dem es

> an der notwendigen Begabung und an Interesse fehlt. . ., Lust und Liebe zu einer Wissenschaft nicht anerziehen. Wenn ein Student bei mir Physik stu-

dieren wollte ohne Lust und Liebe für dieses Fach, so würde ich nicht versuchen, ihm diese anzuerziehen. Ich würde ihm vielmehr raten, sich eine andere Beschäftigung zu suchen. Das Interesse der jungen Menschen für die verschiedenen Wissenschaften zu wecken ist meiner Ansicht nach Sache der Schule. Der Hochschullehrer sollte es verstehen, bei seinen Schülern das bloße Interesse zur Begeisterung für seine Wissenschaft zu entwickeln. [48, S. 64]

Diese von Gustav Hertz formulierten Grundsätze für die Aufgaben der Schule und des Hochschullehrers verdienen unseres Erachtens ein besonderes Interesse.

Eigene Willensentscheidung und möglichst frühe berufliche Orientierung auf eine erstrebenswerte Laufbahn sind wichtige Motivationen für spätere erfolgreiche berufliche Arbeit. Der Entwicklungsstand einer Wissenschaft oder der Technik, die gesellschaftliche Wertung eines Fachgebietes oder Produktionszweiges, die jeweiligen individuellen Voraussetzungen und spezifischen Bedingungen können die berufliche Orientierung des betreffenden Menschen und schließlich die Wahl eines bestimmten Berufes sehr stimulieren. Durch Zielstrebigkeit und Beharrlichkeit, verbunden mit großem Fleiß und Leistungsbereitschaft auf dem selbstgewählten Fachgebiet konnten bei Gustav Hertz Erfolge eintreten, die die Entwicklung des speziellen Fachgebietes und darüber hinaus die des umfassenden Arbeitsbereiches bedeutend zu fördern vermochten.

Der Weg von Gustav Hertz zum Physiker vollzog sich unter günstigen individuellen Voraussetzungen und günstigen äußeren Bedingungen. Nach Abschluß des Realgymnasiums des Johanneums in Hamburg studierte Gustav Hertz von Ostern 1906 an, neunzehnjährig, zunächst zwei Semester in Göttingen. Dort widmete er sich vorwiegend dem Studium der Mathematik. Sie wurde von so hervorragenden Mathematikern gelehrt wie Runge, Hilbert, der wesentliches zur Zahlentheorie, zu den Grundlagen der Geometrie, zur theoretischen Physik und mathematischen Logik beitrug, Carathéodory, der fundamentale Arbeiten zur Variationsrechnung, zu den partiellen Differentialgleichungen, zur Funktionentheorie leistete und Beiträge zur Differentialgeometrie, Mechanik, zur geometrischen Optik und Thermodynamik lieferte.

In München machte Gustav Hertz 1907 in einem Semester zwei entscheidende Bekanntschaften: Arnold Sommerfeld, der später über Quantentheorie arbeitete, das Bohrsche Atommodell erwei-

terte, die relativistische Theorie der Feinstruktur aufstellte, die Elektronentheorie der Metalle, die Theorie der Röntgenstrahlen und der elektromagnetischen Wellen bearbeitete, sowie Sommerfelds Assistenten Peter Josef Wilhelm Debye, der über Kristallphysik, molekulare Dipole, elektrische Leitfähigkeit von Flüssigkeiten und über spezifische Wärme arbeitete und sich später auf dem Gebiet der Quantentheorie bedeutende Verdienste erwarb. Sie begeisterten Gustav Hertz für die Physik. Er entschied sich, nachdem er im Deutschen Museum in München Wilhelm Westphal begegnete, der ihm vorschlug, nach Berlin zu gehen, daraufhin für die Experimentalphysik. Dreißig Jahre zuvor hatte sich hier, in München, auch Heinrich Hertz entschieden, sich der Physik zu widmen, und deshalb die Ingenieurwissenschaften aufgegeben. Ihn hatte insbesondere der Physiker Philipp von Jolly zu begeistern verstanden. Heinrich Hertz war 1878 nach Berlin gegangen, um bei Gustav Robert Kirchhoff und Hermann von Helmholtz sein Studium abzuschließen. Dreißig Jahre danach (1908) ging Gustav Hertz ebenfalls nach Berlin, um hier Physik zu studieren, nachdem er den Militärdienst in Dresden abgeleistet hatte.
Sowohl Heinrich als auch Gustav Hertz wurden durch große Lehrer und Vorbilder für die Physik begeistert. Beide erzielten große Erfolge auf ihren Fachgebieten. Heinrich Hertz hatte unter anderem wertvolle Anregungen von Helmholtz erhalten, die Faraday-Maxwellsche elektromagnetische Lichttheorie hinsichtlich ihrer Richtigkeit einer experimentellen Prüfung zu unterziehen. Er entdeckte bei seinen Versuchen die elektromagnetischen Wellen.
Gustav Hertz führten die von James Franck angeregten und gemeinsam durchgeführten Elektronenstoßversuche zu internationaler Anerkennung in der Fachwelt und zu bleibendem Ruhm. Der Franck-Hertz-Versuch des Jahres 1913 zählt zu den „berühmtesten Experimenten der Physik unseres Jahrhunderts" und ist heute, wie ein Schüler von Gustav Hertz schreibt, „jedem Physikstudenten bekannt. In eindrucksvoller Weise lieferte dieses Elektronenstoßverfahren einen unmittelbaren experimentellen Beweis für die revolutionierenden, ad hoc eingeführten Grundannahmen des Bohrschen Atommodells. Das die Mikrowelt beherrschende Wirkungsquantum h wurde mit Hilfe eines Voltmeters bestimmt." [47, S. 6]
Die Franck-Hertz-Versuche aus den Jahren 1912/13 wurden aller-

dings unabhängig von der Bohrschen Theorie durchgeführt. Sie erwiesen sich erst in der Folge als eine glänzende Bestätigung des 1913 von Niels Bohr entwickelten Atommodells. Auf diese Versuche und weitere darauf aufbauende spätere Experimente von Gustav Hertz für die Bestätigung der Richtigkeit der Grundannahmen der Bohrschen Theorie gehen wir noch ausführlicher ein. Zuvor aber wollen wir kurz das physikalische Leben jener Zeit in Berlin skizzieren. Es hat die sehr fruchtbare wissenschaftliche Zusammenarbeit der Physiker in jener „goldenen" Zeit der Physik außerordentlich begünstigt.

Zusammenarbeit mit James Franck in Berlin (1911–1913)

Die Berliner Universität, damals Friedrich-Wilhelm-Universität, war durch das Wirken Kirchhoffs, Helmholtz' und vieler anderer bedeutender Physiker zu einem internationalen Anziehungspunkt der physikalischen Forschung und Ausbildung geworden. Hier schloß Gustav Hertz 1911 sein Studium mit der Promotion zur Erlangung des akademischen Grades doctor philosophiae (Dr. phil.) ab. In seiner Dissertation bei Heinrich Rubens, der 1906 die Leitung des Physikalischen Instituts übernommen hatte und sich mit der Erforschung der Strahlungsgesetze beschäftigte, hatte Gustav Hertz über das ultraviolette Absorptionsspektrum des Kohlendioxids gearbeitet. Nach seiner Promotion war er noch einige Zeit bei Rubens auf dem Gebiet der infraroten Spektrometrie tätig. Am 1. 10. 1911 wurde der theoretisch und experimentell begabte Physiker Dr. phil. Gustav Hertz, vierundzwanzigjährig, Assistent am physikalischen Institut der Berliner Universität. In jener Zeit unterbreitete ihm James Franck den Vorschlag, mit ihm zusammen über Elektronen in Gasen zu arbeiten. Gustav Hertz war über dieses Angebot sehr erfreut und nahm es dankbar an. So setzten sie gemeinsam die von Franck begonnenen Arbeiten über die Wechselwirkung zwischen Gasatomen und Elektronen fort. Damit begann die erfolgreiche Zusammenarbeit mit James Franck, der gerade die Lehrbefugnis für Physik erwarb.

Rubens, der damalige Direktor des Physikalischen Instituts, ihr Lehrer und Vorbild, ließ ihnen in der Wahl des Gegenstandes völlig freie Hand. Dies zeichnet ihn als großen Lehrer aus. Die Verpflichtung von Franck und Hertz bestand darin, zweimal wöchentlich nachmittags das Anfängerpraktikum durchzuführen. Die geringe Bezahlung nahmen sie in Kauf, da ihnen ein Arbeitszimmer und die Mittel des Instituts für ihre eigenen experimentellen Arbeiten zur Verfügung standen. Gustav Hertz berichtet:

> Verglichen mit heutigen Verhältnissen waren die finanziellen und sachlichen Mittel des Instituts äußerst bescheiden. In der Institutswerkstatt arbeiteten zwei Mechaniker und zwei Lehrlinge, außerdem gab es noch einen Institutsdiener, der aber hauptsächlich für die Experimentalvorlesungen beschäftigt war. Unter solchen Umständen war es selbstverständlich, daß die Physiker ihre Versuchsapparate zum größten Teil selbst herstellten und für einzelne schwierige Teile die Hilfe der Werkstatt in Anspruch nahmen. Handgeschicklichkeit war damals eine Voraussetzung für erfolgreiche experimentelle Arbeit. [48, S. 59 f.]

Einfache Glasbläserarbeiten zur Anfertigung von Teilen, die für die Vakuumapparatur benötigt wurden, führte man selbst aus. Die Druckluft für die Gebläseflamme etwa erzeugte man mittels eines mit dem Fuß betätigten Blasebalgs. Ganz offensichtlich war die Situation noch derjenigen ähnlich, wie sie zur Zeit von Kirchhoff, Helmholtz, Heinrich Hertz und anderen bestanden hatte.

Das wissenschaftliche Leben am physikalischen Institut war von einer schöpferischen und menschlich sehr erfreulichen Atmosphäre geprägt. Alle Mitarbeiter verband das gemeinsame Interesse an der Physik. In der Bibliothek des Instituts fand wöchentlich ein Kolloquium statt. Es wurden neu erschienene Arbeiten vorgestellt und intensiv diskutiert. Jeder nahm Anteil an der Arbeit des anderen. Die Kolloquien bildeten ein Zentrum des damaligen physikalischen Lebens in Berlin. Es beteiligten sich daran auch namhafte Physiker aus der Physikalisch-Technischen-Reichsanstalt und aus anderen Institutionen. Diese so bewährte Tradition konnte Gustav Hertz eineinhalb Jahrzehnte später selbst fortführen, als er 1927 als ordentlicher Professor an die Technische Hochschule in Berlin-Charlottenburg berufen wurde. Die dann in dem unter seiner Leitung hervorragend eingerichteten Physikalischen Institut regelmäßig stattfindenden „Tee-Kolloquien" von Gustav Hertz erfreuten sich großer Beliebtheit sowohl bei Diplomanden und Assistenten als auch bei in der Industrie tätigen Physikern. Dabei achtete er stets auf knapp und exakt formulierte Problemdarstellun-

gen. Leider fand diese schöpferisch-produktive Atmosphäre ein jähes Ende. Das abstruse Weltbild der Nazis mußte Hertz verabscheuen.
Unter dem Zwang der faschistischen Diktatur legte Gustav Hertz 1935 sein Lehramt nieder und arbeitete von 1935–1945 in den Siemens-Werken als Industriephysiker. Der deutsche Physiker James Franck fand 1934 eine Tätigkeit in den USA. Gustav Hertz hat seine Zusammenarbeit mit James Franck, der über Gasentladung, Quantenphysik, Fotochemie, Kernumwandlung durch Mesonen arbeitete, auch in der späteren Erinnerung immer als ein besonderes Glück empfunden in menschlicher und wissenschaftlicher Hinsicht. Es erfüllte ihn bis an sein Lebensende stets mit dankbarer Freude, mit James Frank in einer für die Entwicklung der Physik sehr bedeutsamen Zeit und unter so günstigen Bedingungen zusammen gearbeitet zu haben.
Bevor wir jedoch auf die Franck-Hertz-Versuche näher eingehen, wollen wir unser Augenmerk erst einem physikgeschichtlichen Exkurs zuwenden. Er vermag uns, angelehnt an Ausführungen von Gustav Hertz über einige wesentliche Entwicklungsphasen der Atomtheorie und Quantenphysik, die besondere Bedeutung der experimentellen Ergebnisse von Franck und Hertz im Rahmen dieses Entwicklungsprozesses besser verstehen lassen. Anschließend an die Schilderung des berühmten Versuchs soll auf die Tätigkeit von Gustav Hertz als Physiker weiter eingegangen werden.

Zur Entwicklung der Physik Ende des 19. und zu Beginn des 20. Jahrhunderts

Entdeckung des Elektrons

Die Entwicklung der Naturwissenschaften ist von Erfolgen gekrönt, aber auch von Irrtümern gekennzeichnet. So zeigt uns Gustav Hertz anhand der Geschichte der Entdeckung des Elektrons, wie schwierig in den Naturwissenschaften der Weg zum Erfolg sein kann. Das Elektron wurde als selbständiges geladenes Teilchen bekanntlich erst 1897 entdeckt. Die Geschichte der Entdeckung des Elektrons ist, wie Gustav Hertz schreibt: „ein interessantes Beispiel dafür, wie durch die irrtümliche Deutung eines Experiments die Entwicklung der Wissenschaft um viele Jahre verzögert werden" könne [56, S. 19].

Gemeint ist der von dem späteren Entdecker der elektromagnetischen Wellen – Heinrich Hertz – 1883 unternommene Versuch, die elektrische Ablenkung der Kathodenstrahlen nachzuweisen. Die Kathodenstrahlen waren zu dieser Zeit „schon mehr als 20 Jahre bekannt, ohne daß man sich über ihre eigentliche [elektronische - J. K.] Natur klar geworden wäre". Die Richtung der „Ablenkung, welche sie in einem magnetischen Felde erfahren, legte es sehr nahe, sie als einen Strahl von negativ geladenen Teilchen aufzufassen, was sie auch tatsächlich sind. Ein solcher Strahl von Teilchen muß auch durch ein elektrisches Feld abgelenkt werden, und [Heinrich – J. K.] Hertz versuchte, diese elektrische Ablenkung experimentell nachzuweisen. Das Ergebnis war völlig negativ" [56, S. 19]. Dieses „irreführende Ergebnis" kam zustande, weil das Vakuum ungenügend war. Deshalb war es „nicht möglich, innerhalb des durch die Kathodenstrahlen ionisierten Gases ein elektrisches Feld genugender Stärke aufrechtzuerhalten" [56, S. 19]. Heute kennt man das Verhalten verdünnter ionisierter Gase und ist in der Lage, ohne Mühe einwandfreie experimentelle Bedingungen zu schaffen.

Erst 14 Jahre später gelang es Joseph John Thomson, der Gasentladungen untersuchte, „unter einwandfreien experimentellen Bedingungen die elektrische und magnetische Ablenkung der Kathodenstrahlen zu messen und daraus das Verhältnis der Ladung zur

Masse des Elektrons zu bestimmen, dessen Existenz damit erwiesen war. In der Zwischenzeit blieb die Natur der Kathodenstrahlen unbekannt. Unter anderem rechnete Helmholtz mit der Möglichkeit, es handle sich um longitudinale Wellen des Lichtäthers." Selbst Röntgen war „sich über die Natur der Kathodenstrahlen völlig im unklaren,. . . als er im Jahre 1895 die nach ihm benannten Strahlen entdeckte" [56, S. 19].

In den Naturwissenschaften wurden oft von verschiedenen Forschern Erkenntnisbeiträge zur Lösung des gleichen Problems erbracht. So lieferte 1896 Pieter Zeeman einen wichtigen Beitrag für die *Atomphysik:* die Aufspaltung der Spektrallinien als Folge eines auf das emittierende Atom wirkenden Magnetfeldes, den nach ihm benannten Effekt. Der Zeeman-Effekt gibt uns heute Aufschlüsse über den Bau der Atome und über Magnetfelder in Fixsternen. Hendrik Antoon Lorentz untersuchte nach Bekanntwerden der Zeemanschen Entdeckung den Einfluß eines Magnetfeldes auf die Bewegung und damit auf die Strahlung eines elastisch gebundenen geladenen Teilchens. Lorentz gelang es, sowohl die Zeemanschen Beobachtungen in wesentlichen Einzelheiten zu erklären als auch aus der Größe der von Zeeman gemessenen Aufspaltung das Verhältnis der Ladung zur Masse der im Atom schwingenden geladenen Teilchen zu berechnen. Obgleich „der so erhaltene Wert", schreibt Gustav Hertz, „sehr nahe übereinstimmte mit dem von Thomson für die Kathodenstrahl-Teilchen ermittelten, wurde erst ein Jahr später von Arthur Schuster die Vermutung geäußert, es handle sich in beiden Fällen um die gleiche Art von Teilchen. Damit war das Elektron zum zweiten Male entdeckt, diesmal als gebundenes Teilchen und Bestandteil des Atoms. Gleichzeitig war erwiesen, daß die Schwingungen solcher gebundener Teilchen die Ursache der Emission der für das Atom charakteristischen Spektrallinien sind." [56, S. 20]

Zu den späteren Untersuchungen von Gustav Hertz über die Ionisierung von Gasen gab es Vorläufer. Bereits im Jahre 1902 entsprang aus Arbeiten der Lenardschen Schule der Begriff der Ionisierungsenergie für Gase. Er wurde wegen der Analogie mit der Energie chemisch gebundener Moleküle eingeführt. Aus einem Versuch von Gehrcke und Seeliger (schon vor der Bohrschen Arbeit von 1913) wurde deutlich, daß bei einem im elektrischen Feld parabolisch gekrümmten Elektronenstrahl eine scharfe untere

Grenze der Kathodenstrahlgeschwindigkeit existiert, unter der keine Lichtemission der Gasmoleküle stattfindet. Aus den längs des Strahls beobachteten Farbumschlägen wurde außerdem gefolgert, daß sie mit dem Auftreten einzelner Spektrallinien zusammenhängen. Deshalb konnte man annehmen, daß zur Emission einer bestimmten Spektrallinie eine Mindestenergie nötig ist.
Die Arbeiten von Gustav Hertz in dieser Richtung unterscheiden sich von den älteren Messungen durch konsequente Verfeinerung der Versuchsbedingungen und bewußt angestrebte Ausschaltung aller störenden Nebeneffekte, um möglichst reine, quantitativ auswertbare Resultate zu erhalten. Bevor wir auf diese Problematik eingehen, wollen wir uns nachfolgend den Atommodellen von Thomson und Lenard zuwenden.

Atommodelle von Thomson und Lenard

Als das Elektron als Bestandteil des Atoms erkannt war, tauchte bald die Frage nach dem Aufbau des Atoms sowie nach den zwischen den Bestandteilen des Atoms wirkenden Kräften auf. Wenn ein „Elektron das Licht einer Spektrallinie, also Strahlung einer bestimmten Frequenz ausstrahlen sollte, so mußte es, vom Standpunkt der klassischen Physik betrachtet, selbst mit dieser konstanten Frequenz schwingen. Das bedeutet, daß es unter dem Einfluß einer quasielastischen Kraft stehen muß, deren Größe der Entfernung des Elektrons von seiner Ruhelage proportional ist." [56, S. 20]
Da aber, so schildert Gustav Hertz die damalige Situation, die

> Kräfte zwischen elektrisch geladenen Teilchen umgekehrt proportional dem Quadrat ihrer Entfernung sind, schien es zunächst unmöglich, die geforderte quasielastische Kraft durch rein elektrische Kräfte zu erklären. Eine mögliche Lösung brachte das im Jahre 1903 von J. J Thomson erdachte und nach ihm benannte Atommodell. Es besteht aus einer kugelförmig begrenzten positiven Raumladung konstanter Ladungsdichte, innerhalb welcher ein Elektron frei beweglich sein soll. Nach den Gesetzen der Elektrostatik wirkt auf das Elektron unter diesen Umständen tatsächlich eine zum Mittelpunkt gerichtete Kraft, welche dem Abstande vom Mittelpunkt proportional ist. Auf diese Weise konnte jedoch nur die Emission einer einzigen Spektrallinie verstanden werden. [56, S. 20]

Obgleich das wirkliche Verhalten der Atome mit ihrer großen Zahl von Spektrallinien nicht erklärt werden konnte, wurde mit

dem Thomsonschen Atommodell erstmalig der Versuch unternommen, die Eigenschaften der Atome durch die Bewegung der in ihnen enthaltenen Elektronen unter dem Einfluß rein elektrischer Kräfte zu erklären.
Etwa im selben Zeitraum wurden, auf Grund von Kathodenstrahlversuchen, weitere Vorstellungen über den Aufbau des Atoms entwickelt. Bereits 1891 hatte Heinrich Hertz bei Versuchen mit Kathodenstrahlen entdeckt, daß schnelle Kathodenstrahlen durch dünne Metallfolien hindurchtreten können. Daran anknüpfend ließ sein Schüler Philipp Lenard mit Hilfe des später nach ihm benannten Fensters Kathodenstrahlen aus der Entladungsröhre in die Luft austreten (Abb. 4). So konnte er die Ausbreitung der Kathodenstrahlen in Gasen untersuchen. Voller Überraschung stellte er fest, daß schnelle Kathodenstrahlen in ihrer Ausbreitung weitaus weniger durch die Gasmoleküle behindert werden, als es nach deren aus der kinetischen Gastheorie bekannten Größe zu erwarten gewesen wäre. Um die Meßergebnisse zu verstehen, mußte Lenard folgern, daß das gesamte Volumen eines Atoms fast völlig leer sein müsse, um von den Kathodenstrahlen so ungestört durchlaufen werden zu können. Die gesamte Masse eines Atoms müsse demnach in einem äußerst kleinen Bruchteil seines Volumens konzentriert sein (Dynamiden-Modell eines Atoms).
Das Atom besteht nach diesem Modell von Lenard aus einer Anzahl von Dynamiden (Kraftzentren), die einen äußerst geringen Raum einnehmen, aber Träger der gesamten Masse und der Wechselwirkung des Atoms mit anderen Strahlungen oder Teilchen sind. Lenard nahm die Zahl der Dynamiden im Atom als annähernd proportional dem Atomgewicht an, um seine Beobachtungen er-

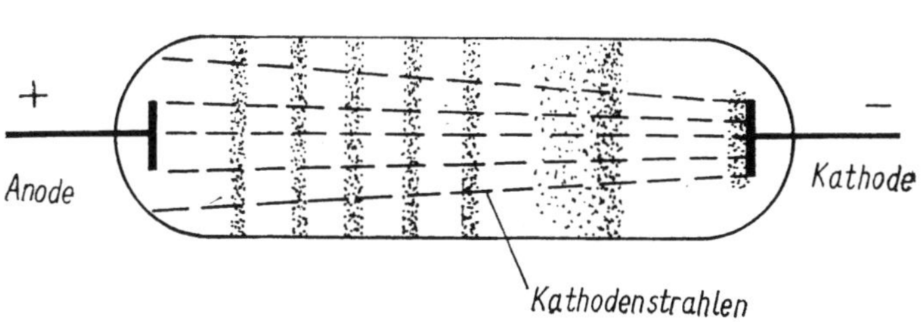

4 Kathodenstrahlen: Von der Kathode ausgehender Strom negativ geladener Teilchen. Man nannte sie Elektronen und vermutete ihren Ursprung in den Atomen [71]

klären zu können. Wenn sich Lenards Vorstellungen, wie Gustav Hertz schreibt, „auch im einzelnen nicht bestätigt haben, so bedeutet der experimentelle Nachweis der geringen Raumerfüllung des Atoms doch einen bedeutenden Schritt vorwärts" [56, S. 21]. Wichtige Ausgangspunkte für diese Entwicklung waren unter anderem der durch Heinrich Hertz 1886/89 erbrachte experimentelle Nachweis der Einheit von Licht und elektromagnetischen Erscheinungen, sowie der Hertz-Effekt, eine von Heinrich Hertz 1887 beobachtete Erscheinung „Über einen Einfluß des ultravioletten Lichtes auf die elektrische Entladung", die durch den lichtelektrischen Effekt erklärt wurde, und die von Heinrich Hertz 1891/92 durchgeführten Arbeiten „Über den Durchgang von Kathodenstrahlen durch dünne Metallschichten", welche es nahelegten, die Ursachen der Lichtemission der Atome aus elektrischen Vorgängen innerhalb der Atome selbst aufzudecken.

Atommodell von Rutherford

Entdeckungen wie Röntgenstrahlen und Radioaktivität ergaben für die experimentelle Forschung neue Möglichkeiten. Mit den Alpha-Strahlen der Radioaktivität verfügte man über doppelt positiv geladene Heliumkerne, deren Wirkung sich auf Grund ihrer großen Energie beobachten ließ. Diese Möglichkeit machte sich Rutherford 1911 zunutze. In seiner Versuchsanordnung ließ er ein Bündel von Alpha-Strahlen auf eine Metallfolie auftreffen und beobachtete die Richtungsverteilung (Streuung) der aus der Folie wieder austretenden Alpha-Teilchen. Mit Hilfe einer entsprechenden „Lupe" gelang es Rutherford, die gerade noch wahrnehmbaren Lichtblitze beim Auftreffen der einzelnen Teilchen auf einen fluoreszierenden Schirm zu zählen.

Das Ergebnis der Rutherfordschen Versuche bestätigte Lenards Annahme einer äußerst geringen Raumerfüllung des Atoms. Die meisten Alpha-Teilchen gingen durch die Folie ohne merkliche Richtungsänderung hindurch. Aus der Richtungsverteilung von stark abgelenkten Teilchen konnte Rutherford auf die Ursache ihrer Ablenkung, auf das elektrische Feld im Inneren des Atoms, schließen. Die Richtungsverteilung konnte er vollständig durch das Coulomb-Feld einer im Mittelpunkt des Atoms befindlichen,

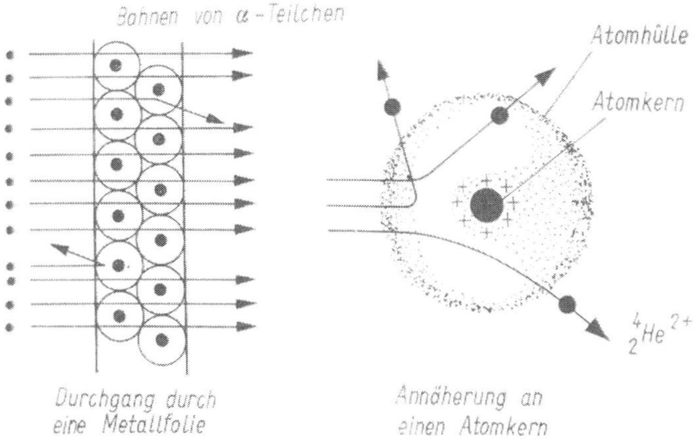

5 Bahnen von Alpha-Teilchen: Ein weiterer wesentlicher Schritt zur Atomtheorie war das Atommodell von E. Rutherford. Rutherford erkannte 1911, daß bei Beschuß einer Metall(Gold)-Folie mit Alpha-Teilchen (doppelt positiv geladenen Heliumkernen) aus einem radioaktiven Präparat nur sehr wenige Alpha-Teilchen abgelenkt werden (Abb. 5a). Die Atome konnten wegen der Abstoßung gleichnamiger Ladungen also nur ein sehr kleines positiv geladenes Zentrum haben (Abb. 5b). Rutherford entwickelte dementsprechend ein Atommodell mit positiv geladenem Kern und ihn schnell umkreisenden Elektronen. (5b) Verhalten der Alpha-Teilchen bei Annäherung an einen Atomkern [71]

nahezu punktförmigen positiven Ladung berechnen. So kam Rutherford zu der Annahme, daß fast die gesamte Masse des Atoms in einem kleinen, positiv geladenen Atomkern konzentriert sei. Dieses Grundmodell wird durch die Vorstellung von um den Kern kreisenden Elektronen vervollständigt. Ihre Anzahl muß für ein elektrisch neutrales Atom gleich der Anzahl der positiven Elementarladungen im Kern sein.

Der Einfluß der Elektronen auf die Streuung der Alpha-Teilchen ist verschwindend klein. Die Masse eines Elektrons ist etwa 8 000 mal kleiner als die eines Alpha-Teilchens. Nach dem Impulssatz können von den Elektronen nur äußerst geringe Energiebeträge an die Alpha-Teilchen übertragen werden.

Mit dem Rutherfordschen Atommodell war die Grenze der klassischen Physik erreicht. Rutherford hatte die Ablenkung der Alpha-Strahlen im elektrischen Feld der Kernladung noch nach den Ge-

setzen der klassischen Mechanik berechnet. Die Annahme, daß Elektronen den Kern umkreisen, ohne ihre Energie auszustrahlen und in den Kern zu fallen, war jedoch mit der klassischen Elektrodynamik nicht mehr vereinbar.
Eine Auflösung dieses Widerspruchs brachte die Quantentheorie. Diese Problematik ist, wie Gustav Hertz es beschreibt, „keineswegs so zu verstehen, daß die Quantentheorie als bereits fertige Theorie nur auf das Atommodell hätte angewandt werden müssen. Auch die Quantentheorie stand damals noch in ihren ersten Anfängen, und sie hat sich erst in ihrer Anwendung auf die Probleme des Atomkerns zu einer geschlossenen und in sich widerspruchsfreien Disziplin entwickelt. Der Ausgangspunkt für diese Entwicklung war bekanntlich die im Jahre 1900 von Max Planck aufgestellte Quantenhypothese.“ [56, S. 22] Auf einige Voraussetzungen für die Formulierung der Quantenhypothese und in der Folge daran anknüpfende Entwicklungen wollen wir deshalb etwas näher eingehen.

Plancksche Quanten- und Einsteinsche Lichtquantenhypothese

Heinrich Rubens, der Lehrer von Gustav Hertz, erhielt wesentliche Anregungen aus den Arbeiten von Heinrich Hertz, deren Inhalt in vielfältigen Keimen auf alle folgenden Generationen von Physikern einen nachhaltigen Einfluß ausübte. Rubens wirkte indirekt durch seine Forschungen über Strahlungsgesetze beim Zustandekommen der Quantenhypothese mit, zum Beispiel in seiner Arbeit von 1900 über die Emission langwelliger Wärmestrahlen durch den schwarzen Körper bei verschiedenen Temperaturen. In bezug auf Heinrich Hertz schilderte Rubens in seiner Antrittsrede, gehalten in der Berliner Akademie der Wissenschaften am 2. Juli 1908, daß die den Hertzschen Arbeiten vorausgehenden Jahrzehnte des 19. Jahrhunderts „trotz der Größe des darin erzielten wissenschaftlichen Fortschritts verhältnismäßig arm ... an Entdeckungen grundlegender neuer Phänomene ...“ gewesen seien. Aber „durch die großen Erfolge der mit ungewöhnlicher Kühnheit angestellten Hertzschen Versuche wurde der Wagemut der Physiker aufs neue geweckt, und es entstand jene glänzende Epoche, welche uns in

kurzer Aufeinanderfolge die wunderbarsten Erscheinungen gebracht hat. An einen Versuch von Hertz schließen sich die Arbeiten Lenards an", die wiederum „den Keim der großen Röntgenschen Entdeckung in sich" bergen, „als deren indirekte Folge weiterhin die Auffindung der Radioaktivität durch Henri Becquerel zu betrachten ist mit ihren unabsehbaren Konsequenzen. Diese Reihe glücklicher Funde, an welche sich eine große Zahl kaum minder wichtiger Entdeckungen anschließt, legt Zeugnis davon ab, daß Jahrhunderte wissenschaftlicher Forschung die Wahrscheinlichkeit neuer Entdeckungen nicht vermindert haben." [58, S. 231]
Rubens betont vor allem, daß unter den neueren Forschungsgebieten das von Heinrich Hertz beschrittene ihn stets in erster Linie gefesselt habe. Max Planck hebt in der Gedächtnisrede auf Heinrich Rubens, gehalten in der Berliner Akademie der Wissenschaften am 28.6.1923, hervor, inwiefern von den Arbeiten von Heinrich Hertz und Heinrich Rubens eine wissenschaftliche Verbindungslinie zu seinen eigenen Arbeiten besteht. Besonders ein Gedanke war es, der, nach Planck, gewissermaßen das ganze wissenschaftliche Leben von Rubens „als Leitmotiv" durchklang, nämlich „die experimentelle Überbrückung der Kluft zwischen optischen und elektrischen Wellen. Durch dieses, seit der Entdeckung der elektromagnetischen Wellen durch Heinrich Hertz akut gewordene Problem wurde" Rubens „der gerade Weg gewiesen, den er stets mit zäher Energie verfolgt hat, auf den er immer wieder zurückkehrte, wenn er auch häufig Seitenpfade einschlug, um das Terrain möglichst vollständig zu sondieren und gelegentlich sich darbietende, besonders verlockende Früchte mitzunehmen. So benutzte er die von ihm entdeckten ultraroten Reststrahlen von Steinsalz und Sylvin sogleich dazu, um in Gemeinschaft mit Ferdinand Kurlbaum die Intensität der Strahlung in ihrer Abhängigkeit von der Temperatur zu messen." Rubens „lieferte damit die, wie es scheint, endgültige experimentelle Entscheidung der Frage nach dem Grundgesetz der Wärmestrahlung. Ohne das Eingreifen Rubens wäre", nach Planck, „die Formulierung des Strahlungsgesetzes und damit die Begründung der Quantentheorie vielleicht in ganz anderer Weise, vielleicht gar nicht einmal in Deutschland zustande gekommen" [58, S. 235].
Max Planck hatte sich damit beschäftigt, das Gesetz der Energieverteilung im Spektrum der Wärmestrahlung eines schwarzen Kör-

pers theoretisch herzuleiten. Dabei erkannte er, daß die theoretische Begründung dieses Gesetzes nur mit Hilfe der Methoden der statistischen Physik erreicht werden könne. Zu diesem Zweck betrachtete er einen Hohlraum bestimmter Temperatur mit Wänden, an denen sich Oszillatoren mit allen möglichen Frequenzen und Schwingungsenergien im statistischen Gleichgewicht mit der Wärmestrahlung befinden, die sie dauernd vollständig emittieren und absorbieren. Planck folgte der Methode Ludwig Boltzmanns, des Mitbegründers der kinetischen Gastheorie, der den Zusammenhang zwischen Entropie und Wahrscheinlichkeit fand, und versuchte, das thermische Gleichgewicht als den Fall größter Wahrscheinlichkeit für die Verteilung der Energie auf die Oszillatoren in Abhängigkeit von ihrer Frequenz zu ermitteln. Die Wahrscheinlichkeit einer bestimmten Energieverteilung wurde dabei durch die Anzahl der Möglichkeiten definiert, die für die Umverteilung der Oszillatoren auf gleich große Energiezellen besteht. Diese Energiezellen legen den Zustand der zugehörigen Oszillatoren fest. Gustav Hertz schildert die abschließenden und entscheidenden Planckschen Überlegungen folgendermaßen:

Um zu der richtigen Form des Strahlungsgesetzes zu kommen, durfte Planck als mögliche Zustände nur solche zulassen, bei denen die Energie jedes einzelnen Oszillators ein ganzzahliges Vielfaches eines Betrages $h\nu$ ist, wobei ν die Frequenz des betreffenden Oszillators und h eine universelle Konstante bedeutet, deren Größe man aus den Ergebnissen der Strahlungsmessungen ableiten kann. Die Annahme, daß schwingungsfähige Gebilde sich tatsächlich so verhalten, daß sie also Energie nur in Quanten von der Größe $h\nu$ aufnehmen oder abgeben können, bezeichnet man als die Plancksche Quantenhypothese. [56, S. 22 f.]

Planck wehrte sich gegen physikalische Konsequenzen seiner Hypothese. Er sah in den gedanklich konstruierten Oszillatoren mit ihren Energiequanten nur ein mathematisches Hilfsmittel zur Herleitung des Strahlungsgesetzes und keinen physikalischen Sachverhalt. So war es möglich, daß er – der Begründer der Quantentheorie – noch lange an der klassischen Vorstellung von der kontinuierlichen Veränderlichkeit aller physikalischen Größen festhielt. Plancks Autorität bestärkte auch andere Physiker in der Annahme, mit weniger radikalen Abweichungen von der klassischen Physik auskommen zu können. So kam es, schreibt Gustav Hertz, „daß die Plancksche Arbeit zunächst ohne wesentliche Auswirkung blieb. Erst fünf Jahre später griff Einstein den Planckschen Gedanken“ auf und erweiterte ihn in seiner

Theorie des Photoeffekts. Seit längerem war bekannt, daß ultraviolettes Licht beim Auftreffen auf eine Metalloberfläche aus dieser Elektronen auslösen kann. Die experimentelle Untersuchung dieser Erscheinung hatte zwei Tatsachen ergeben: für jedes Metall gibt es eine Grenzfrequenz derart, daß die Auslösung der Elektronen aus diesem Metall nur erfolgt, wenn die Frequenz des Lichts höher ist als diese Grenzfrequenz. Die Geschwindigkeit der austretenden Elektronen ist unabhängig von der Intensität des auslösenden Lichtes und nur abhängig von dessen Frequenz, und zwar nimmt sie mit steigender Frequenz zu. Dieses vom Standpunkt der klassischen Physik unverständliche Verhalten erklärte Einstein auf einfachste Weise durch die Annahme, daß das Licht an die im Metall vorhandenen Elektronen Energie nur in Quanten von der Größe $h\nu$ abgeben könne. Die Energie des austretenden Elektrons ergibt sich dann ohne weiteres als die ihm zugeführte Energie, vermindert um die Austrittsarbeit A, welche notwendig ist, um ein Elektron aus dem Inneren eines Metalls nach außen zu befördern:

$$\frac{m}{2}v^2 = h\nu - A.$$

Die Energie des austretenden Elektrons ist hiernach also tatsächlich nur durch die Frequenz des auslösenden Lichts bestimmt. Auch die Grenzfrequenz findet eine einfache Deutung. Sie ist gleich der Austrittsarbeit dividiert durch die Plancksche Konstante.
Indem Einstein der Lichtstrahlung selbst eine quantenhafte Struktur zuschrieb, ging er über Planck hinaus, und entwickelte er dessen Vorstellungen zur Lichtquantenhypothese. [56, S. 23]

Planck, der den Standpunkt der klassischen Physik nicht aufgeben wollte, hatte sich nicht nur gegen die Auslegung seiner Quantenhypothese gesträubt, sondern war demzufolge auch mit der Erweiterung seiner Hypothese durch Einstein zur Lichtquantenhypothese keineswegs einverstanden. Diese Problematik fand und findet häufig auch besonderes philosophisches Interesse. Sie betrifft den Widerspiegelungscharakter der mathematischen Herleitung physikalischer Gesetze und den Realitätsgehalt der zugrunde gelegten theoretischen Annahmen.
Planck äußerte den Unmut über Einsteins Erweiterung seiner Quantenhypothese zur Lichtquantenhypothese in dem von ihm verfaßten Wahlvorschlag von 1913 zur Aufnahme Einsteins in die Berliner Akademie folgendermaßen:

Daß er in seinen Spekulationen gelegentlich auch einmal übers Ziel hinausgeschossen haben mag, wie z. B. in einer Hypothese der Lichtquanten, wird man ihm nicht allzuschwer anrechnen dürfen, denn ohne einmal ein Risiko zu wagen, läßt sich auch in der exaktesten Naturwissenschaft keine Neuerung einführen. [56, S. 23 f.]

Der Quantengedanke hatte jedoch bereits durch die 1907 von Einstein vorgeschlagene und später von Debye durchgeführte Anwendung der Planckschen Hypothese auf die spezifische Wärme fester Körper eine wichtige Stütze erhalten. Nach den Gesetzen der statistischen Mechanik sollte die spezifische Wärme fester Körper von der Temperatur unabhängig sein. In Wirklichkeit nimmt sie bei genügend tiefer Temperatur bei allen Körpern stark ab. Einstein hatte darauf hingewiesen, daß die thermische Bewegung der Atome in festen Körpern eine Schwingungsbewegung sei, für die die Quantenhypothese Gültigkeit habe und somit in theoretischen Überlegungen berücksichtigt werden müsse.
Gemäß Planck darf man den Atomen als mögliche Werte ihrer Energie nur ganzzahliche Vielfache des Betrages $h\nu$ zuschreiben, wobei ν die Frequenz der betrachteten Schwingung ist. Debye lieferte 1911 auf der Grundlage der Planckschen Hypothese eine vollständige Theorie der beobachteten Erscheinung.
In jener Zeit begann auch die Zusammenarbeit von Gustav Hertz mit James Franck. Ihre gemeinsamen Versuche in den Jahren 1912/13 hatten das Ergebnis, daß Gasatome beim Zusammenstoß mit Elektronen nur diskrete Energiebeträge aufnehmen können. Es erwies sich später als Bestätigung für die quantenhaften Anregungszustände des Atoms, wie sie in der Bohrschen Theorie formuliert wurden. Dieser Problematik wollen wir nun in den beiden folgenden Abschnitten unsere besondere Aufmerksamkeit widmen. Bevor wir jedoch auf den Zusammenhang der Franck-Hertz-Versuche mit den Bohrschen Grundannahmen eingehen, wollen wir zuerst die historischen Grundlagen der Bohrschen Atomtheorie sowie ihre Wirkung auf die damaligen Physiker betrachten.

Bohrsche Atomtheorie und ihre Wirkung

Der durch grundlegende Arbeiten zur Atomphysik, Quantenmechanik und Kernspaltung bekannte dänische Physiker Niels Bohr wandte im Jahre 1913 die aus der Planckschen Quantenhypothese vor allem durch Einstein und Debye erweiterte „Quantenvorstellung" auf das Atommodell von Rutherford an. Bohr ging von der Planckschen Grundannahme aus, daß es für einen Oszillator (Schwingungserzeuger) nur diskrete Zustände gibt, deren Energiewerte sich jeweils um den Betrag $h\nu$ unterscheiden. Darüber hinaus sind Emission (Aussenden) von Licht oder Absorption (Schwächung der Intensität einer Strahlung auf ihrem Weg durch einen Stoff infolge Energieabgabe an diesen) durch den Übergang von Oszillatoren aus einem dieser Zustände in einen anderen zu erklären. In Anlehnung an diese Vorstellung nahm Bohr für ein um einen positiv geladenen Kern kreisendes Elektron stationäre Zustände an, in denen das Elektron existieren könne, ohne zu „strahlen". Die Ausstrahlung einer Spektrallinie sollte nur erfolgen, wenn ein Übergang aus einem stationären Zustand in einen anderen mit geringem Energieniveau stattfindet.

Entsprechend der Einsteinschen Lichtquantenhypothese sollte die Frequenz des ausgestrahlten Lichts dadurch bestimmt sein, daß das ausgestrahlte Quant $h\nu$ der Energiedifferenz zwischen beiden Zuständen entspricht, in denen der Übergang aus einem in einen anderen stationären Zustand erfolgt. Die Bohrschen Vorstellun-

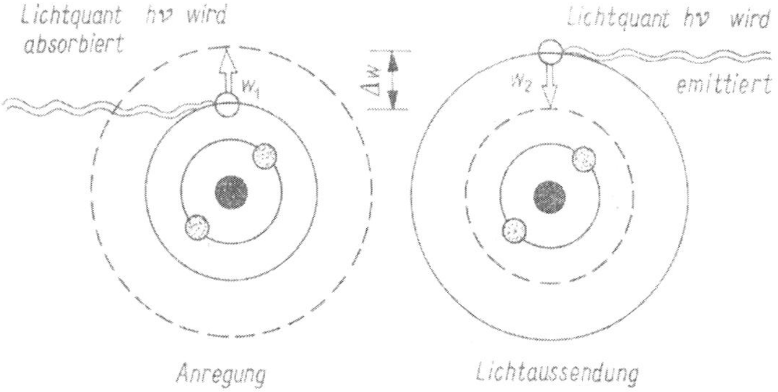

6 Bohr entwickelte 1913 das Rutherfordsche Modell durch Anwendung der Quantentheorie zu einem für Berechnungen geeigneten Modell. Dadurch wurde es möglich, die empirisch gefundenen Formeln für die Spektrallinien des Wasserstoffatoms mathematisch exakt abzuleiten. Nach dem Bohrschen Atommodell kreisen die Elektronen auf stationären Bahnen mit einem bestimmten Energieniveau und ohne Energieverlust. Der „Sprung" eines Elektrons von einer in eine andere Bahn wird durch Aufnahme oder Abgabe von Energiequanten (Photonen – elektromagnetische Strahlung) erklärt [51]

gen entsprachen Erfahrungen, die in der Spektroskopie bei der Analyse einer großen Zahl von Linienspektren gewonnen wurden. Spektrallinien eines Elements lassen sich auf Terme zurückführen, und zwar so, daß die Wellenzahl einer jeden Spektrallinie der Differenz zweier Terme (Energieniveaus dividiert durch $h - c$ entspricht $\left(\frac{1}{\lambda}\right) = T_m - T_n$).

Zur Erklärung des Spektrums des Wasserstoffatoms nach dem Atommodell von Rutherford war es zusätzlich erforderlich, aus der der klassischen Theorie entsprechenden kontinuierlichen Menge aller möglichen Elektronenbahnen eine diskrete Folge von stationären Zuständen herauszugreifen. Bohr nahm an, daß die stationären Zustände durch bestimmte Werte des stationären Drehimpulses ausgezeichnet seien. Der Drehimpuls $mv \cdot r$ sollte ein ganzzahliges Vielfaches der Größe $\frac{h}{2\pi}$ sein.

Von allen möglichen Kreisbahnen sollten also nur diejenigen stationäre Zustände darstellen, für welche die Beziehung $2\pi mvr - nh$ gilt, wenn r der Bahnradius, e die Ladung, m die Masse des Elektrons und v seine Geschwindigkeit ist. Andererseits muß im Sinne der klassischen Physik für alle möglichen Kreisbewegungen die Zentrifugalkraft gleich der Coulombschen Anziehungskraft sein:

$$\frac{e^2}{r^2} = \frac{mv^2}{r}.$$

Aus diesen zwei Gleichungen konnte Bohr die Größen r und v berechnen. Dadurch erhielt er auch die Energie in Abhängigkeit von der Quantenzahl n. Diese Energie ist proportional $\frac{1}{m^2}$. Der Proportionalitätsfaktor ist im wesentlichen die Rydberg-Konstante R: $E_n = -h \cdot c \cdot R \frac{1}{n^2}$. Für den Bahnradius im Grundzustand $n = 1$ ergaben sich $0{,}6 \cdot 10^{-8}$ cm. Bohr hatte damit einen Wert erhalten, der in der Größenordnung mit dem Atomradius der kinetischen Gastheorie übereinstimmte. Ein besonders zufriedenstellendes Ergebnis lieferte die Berechnung der Ionisierungsarbeit für das Wasserstoffatom. Nach der Theorie von Bohr konnte man diese Konstante aus E_n für $n = 1$ mit Hilfe der für das Elektron charakteristischen Größen e und m sowie der universellen Naturkonstanten h berechnen. Seine Formel lautet: $|E| = \frac{2\pi^2 m e^4}{h^2}$.

Der sich daraus ergebende Wert für $R = \frac{1}{\lambda}$, der innerhalb der Meßgenauigkeit mit dem Wert aus spektroskopischen Messungen übereinstimmte, bestätigte die Bohrsche Theorie.

Interessant ist, wie die Physiker jener Zeit zu der 1913 erschienenen Arbeit von Niels Bohr standen. Gustav Hertz beschäftigte sich damals noch am Physikalischen Institut der Berliner Universität zusammen mit James Franck mit Untersuchungen über das Verhalten von Elektronen in Edelgasen. Sie führten ihre Experimente unabhängig von der Bohrschen Theorie durch. Aus den Ergebnissen dieser Experimente wurde aber, wie erwähnt, in der Folge eine Bestätigung der Bohrschen Grundannahmen gefolgert.

Über die Situation beim Erscheinen der Bohrschen Arbeit im Jahre 1913 berichtete Gustav Hertz unter anderem sechs Jahrzehnte danach aus der Erinnerung folgendes:

> Alle wichtigeren, neu in der Literatur erschienenen Arbeiten wurden damals in dem am Mittwoch nachmittag stattfindenden Kolloquium diskutiert, an welchem alle namhaften Berliner Physiker teilnahmen. Leider kann ich mich nicht mehr daran erinnern, ... welche Meinungen einzelne Teilnehmer geäußert haben. Deshalb kann ich nur versuchen, den allgemeinen Eindruck wiederzugeben, welcher als Ergebnis dieser und weiterer Diskussionen im Kreise der jüngeren Physiker zurückblieb. [56, S. 27 f.]

Aus dieser Zeit nennt Gustav Hertz von denjenigen Physikern, die ihn im Meinungsaustausch am meisten beeinflußten, außer James Franck vor allem Robert Pohl, bekannt durch Arbeiten über Festkörperphysik und Vorlesungen über Experimentalphysik, Wilhelm Westphal, der moderne physikalische Praktiken einführte und Autor bekannter Lehrbücher ist, sowie Lise Meitner, die zusammen mit Otto Hahn das Protaktinium entdeckte, Zerfallsprodukte bei radioaktiven Umwandlungen untersuchte und (zusammen mit O. R. Fischer) 1939 die richtige Deutung der Uranspaltung gab [48, S. 60 f.].

Die Reflexionen von Gustav Hertz über die damalige Situation vermitteln uns wesentliche Aufschlüsse über jene Entwicklungsphase der physikalischen Wissenschaften, in der halbempirisch-halbtheoretisch versucht wurde, neue empirische Befunde der Theorie und neue theoretische Annahmen den empirischen Befunden anzupassen, bis man schließlich zu einer systematischen und logisch in sich geschlossenen Theorie gelangte. Grundlage des Denkens der Physiker beim Erscheinen der Bohrschen Theorie von 1913, schildert Gustav Hertz,

war natürlich die klassische Physik. Durch die Quantenhypothese und ihre Anwendungen auf Wärmestrahlung, spezifische Wärme und Photoeffekt waren wir jedoch darauf vorbereitet, daß die klassische Physik sich bei der Behandlung atomarer Vorgänge als unzureichend erweisen würde. Außerdem hatten die vorhergehenden Jahre mit ihren Diskussionen über die Einsteinsche Relativitätstheorie die Physiker gelehrt, daß die Erweiterung der klassischen Theorie über ihren bisherigen Gültigkeitsbereich hinaus nicht ohne gründliches Umdenken möglich ist. Man hätte vielleicht erwarten können, daß diese Erfahrung es uns erleichtert hätte, uns nun auch mit fremdartigen Gedanken der Bohrschen Theorie abzufinden. Das war indessen nicht der Fall. Tatsächlich war der Sachverhalt in den beiden Fällen aber auch sehr verschieden. Im Falle der Relativitätstheorie ging es darum, die nur für kleine Geschwindigkeiten gültige klassische Theorie so zu erweitern, daß ihr Gültigkeitsbereich auch Geschwindigkeiten umfaßt, welche der Lichtgeschwindigkeit nahekommen. Die neue Theorie ist, genau wie die alte, eine logisch geschlossene Theorie, deren Gleichungen für kleine Werte der Geschwindigkeit in die der alten übergehen. Die bei der Einführung der neuen Theorie auftretenden Schwierigkeiten waren begrifflicher Art und beruhen darauf, daß unsere gewohnte Denkweise nicht an Verhältnisse angepaßt ist, wie sie beim Auftreten hoher Geschwindigkeiten vorliegen. [56, S. 27 f.]

Ganz anders sei es bei der Bohrschen Theorie gewesen, schildert Gustav Hertz die damalige Reaktion darauf:

Die Bewegung des Elektrons im elektrischen Felde der Kernladung wird hier streng nach den Gesetzen der klassischen Physik berechnet. Für die Wechselwirkung des gleichen Elektrons mit dem elektromagnetischen Felde der Lichtwellen dagegen werden diese Gesetze einfach außer Kraft gesetzt, ohne daß andere an ihre Stelle gesetzt werden. Statt dessen wird ohne Begründung ein Verhalten postuliert, welches mit den Grundgleichungen der elektromagnetischen Lichttheorie im schärfsten Widerspruch steht. Von einer logisch in sich geschlossenen Theorie konnte also damals noch keine Rede sein. So ist es denn auch nicht verwunderlich, daß die meisten Physiker dieser neuen Theorie gegenüber zunächst sehr skeptisch waren. Man hätte sie kaum ernst genommen, hätte sie nicht zur Berechnung des Atomdurchmessers und der Rydberg-Konstanten aus Ladung und Masse des Elektrons geführt. Die Genauigkeit, mit welcher sich für die Rydberg-Konstante der richtige Wert ergab, konnte kein Zufall sein.
Schon die nächsten zwei Jahre brachten überzeugende Beweise für die Leistungsfähigkeit der neuen Theorie. Ihre Anwendung auf ein System [beste-

hend aus einem doppelt positiv geladenen Kern und einem Elektron] ergab das Spektrum des einfach geladenen Helium-Ions. Arnold Sommerfeld erweiterte die Theorie, indem er Ellipsenbahnen einführte und die Relativitätskorrektur berücksichtigte. [56, S. 28 f.]

Sommerfeld gelang es auf diese Weise, die Feinstruktur der Wasserstofflinien zu erklären. Henry Moseley

deutete die Röntgenspektren im Sinne der Bohrschen Theorie und erkannte die Kernladungszahl als maßgebend für die Reihenfolge der Elemente im Periodensystem. Nach diesen Erfolgen konnte an der Richtigkeit der Bohrschen Vorstellungen, insbesondere an der Existenz der stationären Zustände, kaum mehr gezweifelt werden, wenn auch eine befriedigende theoretische Begründung dafür nach wie vor fehlte. [56, S. 29]

Nach diesem Exkurs in die Geschichte der Bohrschen Atomtheorie wollen wir jetzt die Bedeutung der Franck-Hertz-Elektronenstoßversuche für die Grundannahmen der Bohrschen Theorie und die Quantenmechanik erläutern.

Franck-Hertz-Versuch und Bohrsche Theorie

Die von Franck und Gustav Hertz 1912 gemeinsam und unabhängig von der Bohrschen Theorie begonnenen Versuche führten in ihrer Folge zu einem experimentellen Beweis der Existenz stationärer Zustände im Atom und deren Zusammenhang mit Termen und Serienspektren. Die Folgerungsmöglichkeiten für die Atomtheorie wurden von den Experimentatoren aus verschiedenen Gründen nicht erkannt. Auf die damalige Entwicklung der Physik wirkte sich bald der erste Weltkrieg hemmend aus. So verlief die Deutung der Franck-Hertz-Versuche als Bestätigung der Bohrschen Theorie zuerst auf Umwegen, von denen die Autoren der Experimente zunächst nichts ahnten.
Der Vorschlag, Zusammenstöße zwischen Elektronen und Gasmolekülen experimentell zu untersuchen, kam von James Franck an Gustav Hertz. Franck hatte schon seit einigen Jahren über Gasentladung gearbeitet. Gustav Hertz war nach seiner Promotion etwa ein Jahr als Mitarbeiter von Rubens auf dem Gebiet der infraroten Spektrometrie tätig gewesen, als Frank ihm, wie Gustav Hertz berichtet,

vorschlug, weiterhin mit ihm zusammen über Elektronen in Gasen zu arbeiten. Da mich dieser Gegenstand interessierte und weil die Aussicht auf eine Zusammenarbeit mit Franck mir in wissenschaftlicher wie menschlicher Beziehung verlockend erschien, nahm ich diesen Vorschlag an. Das führte zu unserer erfolgreichen Zusammenarbeit und zu lebenslanger Freundschaft. [48, S. 58]

Die Aufgabe, die sich die beiden Physiker damals stellten, hatte mit Atomphysik zunächst nichts zu tun. Es handelte sich bei ihren damaligen Absichten, nach Gustav Hertz,

um die Prüfung der Grundlagen einer von Townsend entwickelten Theorie der Gasentladung. Dieser Theorie lagen bestimmte Annahmen über den Energieaustausch bei Zusammenstößen zwischen Elektronen und Atomen zugrunde, die Franck für unrichtig hielt, weil sie nicht mit den von ihm selbst bei der Untersuchung von Elektronenbewegung in Edelgasen erhaltenen Ergebnissen in Einklang zu bringen waren. Deshalb nahmen wir uns vor, die Gesetze des Energieaustausches unabhängig von irgendeiner Theorie durch mögliche direkte Versuche zu ermitteln. [48, S. 58]

Wissenschaftler arbeiten häufig unabhängig von der Theorie, um durch ihre direkten Fragen an die Natur oder durch scharfe Gedankenexperimente eine Klärung bzw. Erklärung und Weiterführung theoretisch formulierter Grundannahmen oder Folgerungen aus Experimenten zu erhärten oder zu widerlegen. So hatte sich zum Beispiel auch Heinrich Hertz bei seinen Versuchen mit schnellen elektrischen Schwingungen vorübergehend von der Theorie befreit, um dann die experimentellen Befunde bereinigend und präzisierend in die Theorie einzuordnen. In ähnlichem Sinne experimentierten auch James Franck und Gustav Hertz vorübergehend unabhängig von jeder Theorie. Diese Methode kann die Lösung von anstehenden Problemen begünstigen und mitunter sogar zu Ergebnissen führen, die über das ursprünglich verfolgte Ziel mehr oder weniger weit hinausreichen.

James Franck und Gustav Hertz begannen mit ihren Versuchen, erläutert Gustav Hertz diese Problematik,

bereits im Jahre 1912; da war die Bohrsche Arbeit über das Atommodell noch nicht erschienen. Es konnte damals nicht – wie später fälschlicherweise behauptet wurde – unsere Absicht sein, die Bohrsche Theorie zu prüfen. Aber auch nach dem Erscheinen der Bohrschen Arbeit im Jahre 1913 haben wir die Bedeutung der neuen Theorie für die Deutung unserer Versuchsergebnisse zunächst nicht erkannt. Wir hatten nachgewiesen, daß ein Quecksilber-Atom bei einem Elektronenstoß nur Energiebeträge von der Größe $h\nu$ aufnehmen kann, wobei ν die Frequenz der Quecksilber-Resonanzlinie bedeutet, daß es sich also wie ein Planckscher Oszillator von der Frequenz dieser Linie verhält. Da wir außerdem nachweisen konnten, daß als Folge dieser Energieaufnahme Licht von der Frequenz der Resonanzlinie, aber keine andere Spektrallinie ausgestrahlt wird, so betrachteten wir unsere Versuche als experimentelle Bestätigung der Planckschen Quantenhypothese. Tatsächlich ermöglichten sie es, die Konstante *h* mit einer für die damalige Zeit großen Genauigkeit zu messen. [48, S. 58 f.]

Als Resonanzlinien bezeichnet man in der Spektroskopie Spektrallinien, die dem Übergang eines angeregten Atoms in seinen Grundzustand zuzuordnen sind.

Franck und Hertz glaubten aus verschiedenen Gründen „annehmen zu müssen, daß als Folge der Stöße neben der Anregung der Resonanzlinie auch Ionisierung auftrete" [48, S. 59], was sich jedoch als ein Irrtum erwies. Sie konnten aber die Annahme von John Townsend widerlegen, daß ein Elektron beim Zusammenstoß mit einem Gasmolekül auch bei nichtionisierenden Stößen stets seine ganze Energie verliere.

Die äußerst fruchtbare und harmonische Zusammenarbeit von James Franck und Gustav Hertz wurde mit Beginn des ersten Weltkrieges im Jahre 1914 unterbrochen. Gustav Hertz erlitt eine Kriegsverletzung und arbeitete nach seiner Genesung in der technischen Abteilung für Funkgeräte. 1917 habilitierte er sich mit einer Arbeit „Über den Energieaustausch bei Zusammenstößen zwischen langsamen Elektronen und Gasmolekülen" an der Berliner Universität als Privatdozent. Seine öffentlich gehaltene Probevorlesung war dem Doppler-Effekt gewidmet. Als Privatdozent und Assistent beschäftigte er sich bis 1920 unter anderem mit Röntgenspektroskopie. Als wohl wichtigstes Ergebnis dieser Arbeiten ist die Entdeckung der Abschirmdubletts zu nennen [47, S. 6].

Erst gegen Ende des ersten Weltkrieges erhielten Franck und Hertz Kenntnis von einer in den USA erschienenen Arbeit, in der ihr Irrtum hinsichtlich der Ionisierung aufgeklärt und ihr Versuchsergebnis im Sinne der Bohrschen Theorie gedeutet wurde. In den Jahren nach 1920 arbeiteten Franck in Göttingen und Gustav Hertz im Philips-Laboratorium in Eindhoven getrennt, aber in freundschaftlicher Verbundenheit, weiter an der Fortführung ihrer Elektronenstoßversuche. „Diese Arbeiten, bei denen es gelang, auch höhere Energiestufen" im Atom „nachzuweisen und die Anregungszustände auch für andere Spektrallinien zu messen, führten nun", so Gustav Hertz, „tatsächlich zu einer glänzenden Bestätigung der Bohrschen Theorie" [48, S. 59].

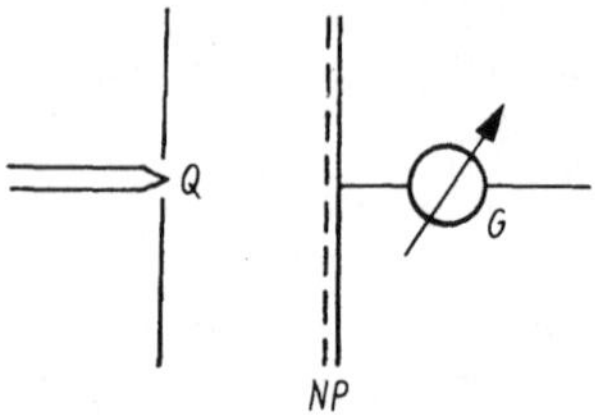

7 Anordnung zur Untersuchung der Energieverluste bei Zusammenstößen zwischen Elektronen und Atomen [46]

Q = Elektronenquelle; N = Drahtnetz; P = Auffangplatte; G = Galvanometer

Durch die Elektronenstoßversuche erfuhr die Deutung der Spektralterme als Energiewerte für stationäre Zustände des Atoms eine sehr eindrucksvolle Bestätigung. Bei den Elektronenstoßversuchen (Abb. 7) werden die Energieverluste untersucht, welche Elektronen beim Zusammenstoß mit Atomen erleiden.

Um den Energieaustausch bei Stößen zwischen Elektronen und Atomen zu untersuchen, werden die von Q ausgehenden Elektronen auf dem Wege bis zum Drahtnetz N durch eine Spannung U beschleunigt. Zwischen Drahtnetz N und Platte P ist eine verzögernde Spannung angelegt, so daß die am Netz ankommenden Elektronen die Platte nur erreichen können, wenn ihre Energie ausreicht, um gegen diese verzögernde Spannung anzulaufen. Bei Veränderung dieser verzögernden Spannung kann man die Energie der am Netz ankommenden Elektronen durch die Veränderung des Galvanometerausschlags messen und damit bestimmen, wieviel Energie die Elektronen bei ihren Zusammenstößen mit den Atomen verloren haben. Füllt man für den Versuch ein Vakuumgefäß mit einem einatomigen Gase, z. B. Quecksilberdampf, mit so geringem Druck, daß die mittlere Weglänge der Elektronen ungefähr so groß ist wie der Abstand des Netzes von der Platte, so erleiden die Elektronen auf dem Wege von der Elektronenquelle zum Netz eine große Anzahl von Zusammenstößen.

Dabei zeigte sich zunächst, daß langsame Elektronen, deren Energie einen für das betreffende Atom charakteristischen Grenzwert nicht überschreitet, bei den Zusammenstößen überhaupt keine Energie verlieren (elastische Stöße). Beim Erreichen einer bestimmten Energie – im Falle des Quecksilberdampfes, wenn die Elektronen durch eine Spannung von etwa 4,9 V beschleunigt werden – verliert der größte Teil der Elektronen bei Zusammenstößen seine gesamte Energie (unelastische Stöße). Diesen Mindestwert der bei einem Stoß übertragenen Energie nennt man die Anregungsenergie des Atoms. Die Spannung, durch welche ein Elektron beschleunigt werden muß, um diese Energie zu erhalten, heißt die Anregungsspannung.

Zur Ermittlung der Anregungsspannung wird bei konstanter kleiner Gegenspannung zwischen Drahtnetz und Auffangplatte der Strom auf die Auffangplatte als Funktion der beschleunigenden Spannung zwischen Glühdraht und Drahtnetz gemessen. Das Ergebnis einer solchen, mit einer Gegenspannung von 0,5 V in Quecksilberdampf aufgenommenen Meßreihe, zeigt Abb. 8.

Gustav Hertz führt zum Experiment aus:

Bei kleinen beschleunigenden Spannungen steigt der Strom wegen der zunehmenden Elektronenenergie an. Sobald jedoch die Anregungsspannung erreicht wird, verlieren die Elektronen ihre Energie kurz vor dem Drahtnetz und können daher nicht mehr gegen das Gegenfeld anlaufen. Der Strom fällt. Bei weiterer Steigerung der Spannung rückt die Zone, in welcher die Elektronen die Anregungsenergie erreichen und ihre Energie verlieren, weiter in Richtung zum Glühdraht, die Elektronen werden auf dem Rest ihres Weges erneut beschleunigt und der Strom auf die Auffangplatte steigt wieder an.

Sobald jedoch die doppelte Anregungsspannung erreicht ist, erreichen die Elektronen zum zweiten Male kurz vor dem Drahtnetz die Anregungsenergie, sie verlieren abermals ihre Energie und können wieder nicht gegen das Gegenfeld anlaufen, der Strom fällt wieder ab. Auf diese Weise ergeben sich die äquidistanten Maxima der in Abbildung 8 dargestellten Meßkurve.

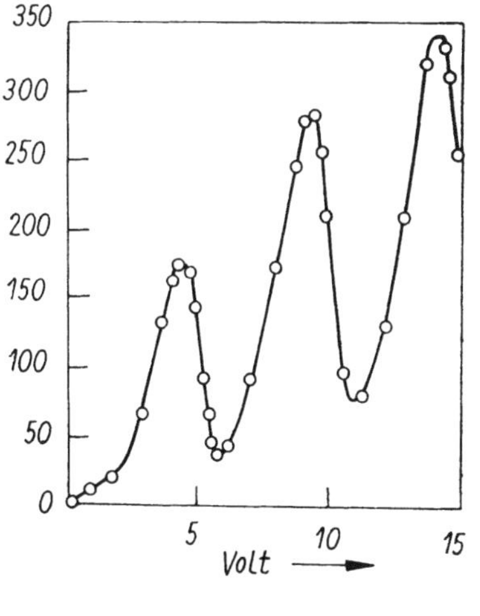

8 Strom zur Auffangplatte in Abhängigkeit von der die Elektronen beschleunigenden Spannung, gemessen in Quecksilberdampf mit einer Gegenspannung von 0,1 V [46]

Der Abstand der Maxima ist gleich der Anregungsspannung, im Falle des Quecksilbers ergibt sich aus der Abbildung 8 der Wert 4,9 V.
Die Versuche zeigen, daß das Atom auch beim Elektronenstoß nur bestimmte Energiequanten aufnehmen kann. [46, S. 9 ff.]

Quantenmechanik

Die Experimente über die Anregung der Quantensprünge durch Elektronenstoß erwiesen sich als ein erster Hinweis für die Richtigkeit der von Bohr 1913 entwickelten und die Physik revolutionierenden Vorstellungen. Nach dem ersten Weltkrieg gelang es in weiterführenden Versuchen, auch höhere Energiestufen nachzuweisen und die Anregungsarbeit für verschiedene Spektrallinien zu messen. Damit wurde die Richtigkeit von Bohrs Deutung der Spektralterme als Energiewerte der stationären Zustände des Atoms endgültig bestätigt. Daher gehören die im Berliner Physikalischen Institut vor dem ersten Weltkrieg von Franck und Hertz durchgeführten Arbeiten zur experimentellen Begründung der Quantenphysik zu den wichtigsten Experimenten des 20. Jahrhunderts.
Die Quantenphysik in ihrer neuartigen Qualität vermochte im Bewußtsein der Physiker nur langsam Fuß zu fassen. Vor dem ersten Weltkrieg hatte auch Gustav Hertz den Arbeiten Bohrs wenig Beachtung geschenkt. Er trug aber wesentlich zur Durchsetzung der quantenphysikalischen Auffassung unter den Experimentalphysikern bei. In einer in „Die Naturwissenschaften" erschienenen Arbeit über „Rubens und die Maxwellsche Theorie" nahm er kritisch zu der Frage Stellung, bis zu welcher Frequenz die Maxwellsche Theorie bei verschiedenen Stoffen Gültigkeit habe. In einer 1923 erschienenen Arbeit über „Bohrsche Theorie und Elektronenstoß" gibt Gustav Hertz wichtige Aufschlüsse über die Bedeutung dieses Sachverhalts. Er schreibt unter anderem:

unterhalb des kritischen Wertes der Energie stößt das Elektron elastisch mit dem Atom zusammen. ... Oberhalb des kritischen Wertes verliert das Elektron seine Energie unelastisch an das Atom,. .. vom Standpunkt der klassischen Theorie muß dieses Verhalten ganz absurd erscheinen. Um so mehr kann man darin eine sehr starke Stütze der Bohrschen Anschauungen sehen. [47, S. 9 f.]

In einer 1929 in „Die Naturwissenschaften" erschienenen Arbeit über „Die Bedeutung der Planckschen Quantenhypothese für die

Experimentalphysik" betont Gustav Hertz den universalen Charakter der quantenphysikalischen Erkenntnisse und kündigt zugleich die neue Qualität der damit verbundenen Wissenschaftsentwicklung an:

> Da aber sämtliche physikalischen Erscheinungen letzten Grundes auf atomare Vorgänge zurückzuführen sind, so gibt es kaum ein Gebiet der Physik, welches nicht durch die Plancksche Quantentheorie entscheidend beeinflußt worden ist ... noch nie hat ein aus theoretischen Überlegungen hervorgegangener Gedanke eine derartig stürmische Entwicklung auf dem gesamten Gebiet der Experimentalphysik ausgelöst. [47, S. 12]

Es waren zahlreiche vorgefaßte Meinungen und hemmende ältere Auffassungen zu überwinden, um die qualitativ neuen quantenphysikalischen Vorstellungen durchzusetzen. Ohne die Gesamtleistung von Gustav Hertz im einzelnen heranzuziehen, versteht man, daß schon seine Arbeiten zur Quantenphysik für das schwierige Zustandekommen der neuen Erkenntnisse von grundlegender Bedeutung waren.

Die quantenphysikalischen Arbeiten von Gustav Hertz haben darüber hinaus ganz wesentlich dazu beigetragen, die praktikablen Seiten der Quantentheorie nicht nur für den Experimentalphysiker, sondern auch für den in der Technik arbeitenden Physiker und für den Ingenieur abzuleiten und fruchtbar zu machen. Gustav Hertz ist ein Pionier in dem Bestreben, die Theorie so zu propagieren, daß sie auch für den in der Industrie Tätigen erfolgreich anwendbar wird. Die ständige Verfeinerung der Experimentiertechnik und die Gründlichkeit der Diskussion der Ergebnisse sind beispielgebend auch für die heutige Experimentalphysik und die technische Umsetzung. Beispielsweise schuf Gustav Hertz zur Vermeidung des durch Potentialabfall bedingten Streuungsbereichs der Elektronengeschwindigkeiten die sogenannten Äquipotentialkathoden. Er fand experimentelle Anordnungen, bei denen man durch entsprechende Anordnung von Elektroden auch kleine Unterschiede von Anregungsspannungen ermitteln kann. Er entwickelte ein Verfahren, das eine auch schwach einsetzende Ionisation durch Zusammenbruch der Raumladung an einer zweiten, im Stoßraum befindlichen Kathode nachzuweisen gestattet.

Bei der Prüfung der Bohrschen Theorie waren besonders die höheren Linien des Spektrums von Interesse. Das Bohrsche Atommodell wurde durch die Messung der unterschiedlichen Anregungsspannungen für die höheren Serienglieder durch spätere Experimente von Gustav Hertz im einzelnen bestätigt. Seine Elektronenstoßversuche führten über das Bohrsche Atommodell insofern hinaus, als etwa bei Quecksilber das Vorhandensein zweier Resonanzlinien (des Singulett- bzw. Triplettsystems) und bei Helium der metastabile Zustand des Triplettsystems gefunden wurden. Die Elektronenstoßuntersuchungen bilden eine grundlegend neuartige Ergänzung zu den früheren spektroskopisch-optischen Untersuchungen der Atome.

Die Bohrsche Theorie feierte große Erfolge. Auf der Grundlage der Bohrschen Theorie gelang es zum Beispiel, das Periodensystem der Elemente zu erklären, die Theorie des anomalen Zeeman-Effekts und die Theorie der Röntgenspektren zu begründen, obwohl es zunächst immer noch an einer logisch in sich geschlossenen Theorie mangelte, die ohne Widerspruch an die Maxwellsche Theorie des Elektromagnetismus anschloß.

Indem man neue Quantenbedingungen und Quantenzahlen einführte, gelang es, das Bohrsche Atommodell auch auf Atome mit mehreren Elektronen sowie auf Moleküle zu erweitern und den Einfluß des Magnetfeldes zu berücksichtigen. Leitlinie seitens der Theorie war das von Bohr aufgestellte Korrespondenzprinzip, welches besagt, daß für hohe Quantenzahlen die Gleichungen der Quantenphysik in die Gleichungen der klassischen Physik übergehen müssen.

Die Periode der Begründung und Entwicklung der Quantentheorie war geprägt durch eine beispielhafte Zusammenarbeit von theoretischen und Experimentalphysikern. Man mußte versuchen, halbempirisch-halbtheoretisch verfahrend, die neuen Quantenbedingungen den experimentellen Befunden anzupassen. Die Entwicklung der Quantenmechanik fand schließlich in einer in sich geschlossenen und widerspruchsfreien Theorie der im atomaren Bereich ablaufenden Prozesse in den Jahren von 1925 bis 1927 ihre vorläufige Vollendung.

Entscheidend für die Vollendung der Quantenmechanik waren vor allem Arbeiten von Erwin Schrödinger, der sie in Form der Wellenmechanik (1925) begründete, Werner Heisenberg, der zusammen mit Max Born und Pascual Jordan die Quantenmechanik in der Matrizenform (1925) begründete. Heisenberg fand die nach ihm benannte Unbestimmtheitsrelation oder Unschärferelation.

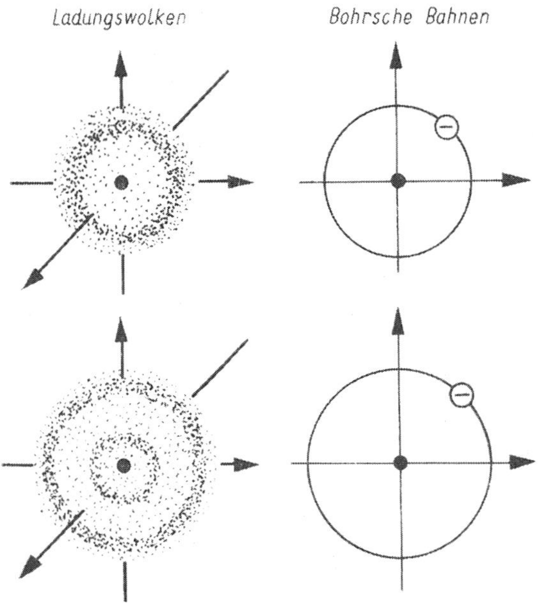

9 Die Physiker der zwanziger Jahre unseres Jahrhunderts unterschieden zwischen Teilchen- und Feldform der Materie. Aus der Sicht der Quantenmechanik sind die Bestandteile des Atoms weder klassische Teilchen noch klassische Wellen eines materiellen Feldes (Welle-Teilchen-Dualismus). Das wellenmechanische Atommodell in Gestalt der Schrödinger-Gleichung ist mathematischer Struktur und gestattet umfassendere Berechnungen als das korpuskulare Bohrsche Planetenmodell des Atoms. Es ist eine höhere relative Wahrheit in der Kenntnis des Atoms.
Im Unterschied zu den ebenen kreisförmigen Bahnen des punktförmigen Elektrons im Bohrschen Atommodell wurde von Schrödinger 1932 das Elektron auf Grund seines wellenmechanischen Modells durch eine räumliche „Ladungswolke“ veranschaulicht, ohne dadurch den Inhalt seiner mathematischen Formulierung voll erfassen zu können.
Die weitere Entwicklung der Quantenmechanik führte zu folgenden Aussagen über das Elektron:

1. Es kann nur die Aufenthaltswahrscheinlichkeit eines Elektrons in einem bestimmten Raumelement angegeben werden.
2. Die verschiedenen Energiezustände eines Elektrons im Atom können nur näherungsweise durch die verschiedenen Formen einer Ladungswolke entsprechend der unterschiedlichen räumlichen Verteilung der Aufenthaltswahrscheinlichkeit veranschaulicht werden.
3. Das Elektron ist als ein in einem besonderen raum-zeitlichen Schwingungszustand befindliches physikalisches Objekt anzusehen, das nicht anschaulich, sondern nur mathematisch faßbar ist

Sie ist ein Prinzip der Quantenphysik, nach dem zwei komplementäre Größen, das sind solche physikalischen Größen, deren Produkt die Dimension einer Wirkung hat, prinzipiell nicht beide zugleich beliebig genau gemessen werden können. Es gilt zum Beispiel für die Unschärfen $\triangle x$ und $\triangle p$ von Ort und Impuls, daß $\triangle x \cdot \triangle p \geqq h/(4\pi)$ ist. Max Born gab schon 1926 eine statistische Interpretation der Quantenmechanik.

Seit etwa 1930 hatte die Quantenmechanik einen Grad der theoretischen Vollkommenheit erreicht, wie ihn die klassische theoretische Physik, insbesondere die Mechanik, etwa um die Jahrhundertwende für die Beschreibung der in ihrem Geltungsbereich ablaufenden Prozesse aufzuweisen hatte. Dabei war, wie häufig in der Geschichte der neueren Physik, der mathematische Teil der Theorie, in Verbindung mit einigen die Theorie mit den Meßwerten verbindenden formalen Regeln, früher ausgearbeitet worden als die dementsprechenden physikalischen Begriffe. So kam es, daß „der keinerlei innere Widersprüche enthaltene Apparat der nichtrelativistischen Quantenmechanik ... sich erfolgreich zur Lösung konkreter Aufgaben der atomaren Physik anwenden“ ließ, „aber seine physikalische Deutung ... lange Zeit unklar“ war. „Immer schärfer und schärfer wurde die Notwendigkeit einer grundlegenden physikalischen Interpretation des fertigen Apparats der Quantenmechanik fühlbar.“ [49, S. 1]

Wo es um die physikalische Interpretation einer Theorie geht, sind die Probleme zumeist von philosophischer Relevanz und bewirken den Streit der Vertreter der verschiedenen Richtungen der Philosophie. Wir wollen hier jedoch die philosophische Problematik nur andeuten. Dazu soll auf die Argumentation von Wladimir Fock „Über die Interpretation der Quantenmechanik“ in seinem Referat verwiesen werden, das er auf der Allunionskonferenz der Akademie der Wissenschaften der UdSSR zu den philosophischen Fragen der Naturwissenschaft, Moskau 1957, hielt. Fock schreibt zum Beispiel:

Jede Theorie, darunter auch die Quantenmechanik, stellt nur eine relative Wahrheit dar, aber das gibt keinen Grund für die Nichtanerkennung der durch sie hineingetragenen neuen Ideen und Begriffe ... Derjenige, im Namen des Materialismus versucht, die neuen Ideen abzulehnen und die alten zu restaurieren, der erweist dem Materialismus einen schlechten Dienst. Die philosophische Verallgemeinerung neuer Ideen, die zuerst in der Atomphysik aufgetreten sind, kann sich sogar als nützlich erweisen für die Entwicklung anderer Gebiete der Wissenschaft, in denen Fragen entstehen können, die analog den schon in der Quantenphysik gelösten sind. Die in der Quantenphysik erreichte Lösung der Widersprüche zwischen der Wellen- und Korpuskelnatur des Elektrons, zwischen Wahrscheinlichkeit und Kausalität, zwischen der Quantenbeschreibung des atomaren Objekts und der klassischen Beschreibung des Geräts und schließlich zwischen den Eigenschaften des individuellen Objekts und ihren statistischen Erscheinungen gibt eine Reihe klarer Beispiele zur praktischen Anwendung der Dialektik auf Fragen der Naturwissenschaft. [49, S. 24 f.]

Die Quantenmechanik ist die Theorie der nichtrelativistischen Bewegung von Mikroobjekten. Alle Auskünfte über die Bewegung eines Mikroobjekts werden aus der Wellen- oder Zustandsfunktion gewonnen, die Lösung einer Wellengleichung, die den Gegebenheiten des Bewegungsproblems angepaßt wird. Die Wellen- oder Zustandsfunktion liefert die charakteristischen Meßgrößen wie Impuls, Drehimpuls, Energie usw. durch Anwendung von zugehörigen Operatoren, die die Wellenfunktion bis auf einen Faktor, die gesuchte Meßgröße, reproduzieren (wiedergeben). Zum Beispiel gilt für den Impuls (p) $-ih \dfrac{d}{dx} \cdot \psi(x, t) = \dfrac{2\pi h}{\lambda} \cdot \psi(x, t)$

mit $p = \dfrac{2\pi h}{\lambda}$, der berühmten Formel von de Broglie (1924).

Die Quantenmechanik erklärt auch makroskopische Erscheinungen wie Magnetismus, spezifische Wärmekapazität, Supraleitung. Ihre relativistische Erweiterung ist noch nicht abgeschlossen. Die Quantentheorie ist eine physikalische Theorie der Bewegung von Elementarteilchen, von Atomkernen, von Atomen und Molekülen. Sie enthält die Plancksche Konstante (Plancksches Wirkungsquantum $h = 6{,}626 \cdot 10^{-34}$ J. s) als grundlegende Naturkonstante.
In der Quantenfeldtheorie wird die klassische Vorstellung der Vermittlung von Kräften durch ein Feld durch die Vorstellung der Wirksamkeit von Quanten ersetzt. So sind in der Quantenelektrodynamik die Photonen die Quanten des elektromagnetischen Feldes. Sie gehören als Wolke von virtuellen Photonen zu allen elektrisch geladenen „Teilchen“. Der Photonenaustausch der verschiedenen elektrisch geladenen Objekte ergibt die Wechselwirkungskräfte – auch für das geladene Teilchen selbst. Die Photonen brauchen zu ihrer sich immer wiederholenden Ausstrah-

lung (Ablösung) und Absorption eine Energiespanne $\triangle E$, die in der für sie charakteristischen Zeit $t = 10^{-21}$ s auf Grund der Unschärferelation $\triangle E \cdot \triangle t = \frac{h}{2}$
zur Verfügung steht. Nach Abschluß dieses Prozesses hat die Gesamtenergie des Systems denselben Wert wie vorher.

In gleicher Weise sind die geladenen und neutralen Mesonen (π, κ, η°) die Quanten des Kernfeldes der Protonen und Neutronen (Nukleonen). Wegen ihrer 100fachen Wirksamkeit beträgt ihre charakteristische Zeit nur 10^{-23} s.

Zur mathematischen Beschreibung der Vorgänge werden Erzeugungs- und Vernichtungsoperatoren verwendet, die die Veränderung der Anzahl der Teilchen erfassen (nach Vorlesungen von G. Schulz).

Im folgenden wollen wir uns wieder einem anderen wissenschaftlichen Lebensabschnitt von Gustav Hertz zuwenden, und zwar seinen Arbeiten als Industriephysiker im Zeitraum von 1920–1925.

Gustav Hertz als Industriephysiker

Diffusionsverfahren und Diffusionskaskade

1920 ließ sich Gustav Hertz von seiner Tätigkeit als Privatdozent in Berlin beurlauben, um in dem neugegründeten Laboratorium der Philips-Glühlampenfabrik in Eindhoven in den Niederlanden zu arbeiten. Dort konnte er die Elektronenstoßversuche unter „sauberen Bedingungen" weiterführen. Es stand ihm die industrielle Hochvakuumtechnik zur Verfügung. Er nutzte zur Reindarstellung der verwendeten Edelgase sein dort entwickeltes Diffusionsverfahren. Mit diesen „verfeinerten" Methoden gelang es ihm, genaue Anregungs- und Ionisierungsenergien der Edelgase zu erhalten. Es glückten ihm Demonstrationsversuche über das stufenweise Auftreten der Linien eines Spektrums.
Gustav Hertz hatte in Eindhoven eine Reihe von Aufgaben erhalten. Die Philips-Glühlampenfabriken benötigten für die Herstellung von Leuchtstoffröhren große Mengen des Edelgases Argon. Sie waren auf der Suche nach einem wirtschaftlicheren Verfahren als dem der üblichen fraktionierten Destillation von atmosphärischem Stickstoff. Mit diesem Problem sollte sich Gustav Hertz befassen, um eine akzeptable technische Lösung zu finden. Er suchte daher einen Weg, durch Diffusion die teilweise Entmischung eines Gasgemischs zu erreichen. Das gelang ihm bei der Trennung von Gasgemischen aus zwei Komponenten. Seine später als Diffusionskaskade bezeichnete technische Anlage vereint eine Vielzahl von in Reihe angeordneten Trennstufen.
Die Ansicht, daß man die Zusammensetzung eines Gasgemischs durch Diffusion verändern könne, war durchaus nicht neu. Praktisch war es aber noch nicht gelungen, eine Trennung der Bestandteile eines Gasgemischs mit Hilfe der Diffusion zu erreichen. Gustav Hertz überlegte, ob durch eine Zusammenschaltung von gleichzeitig arbeitenden Diffusionstrennstufen sich nicht eine leistungsfähige Apparatur zur Trennung von Gasgemischen ergeben könnte. Wenn seine Überlegung richtig war, dann mußte das Helium-Neon-Gemisch, das er zunächst in eine entsprechend kleine Versuchsanlage füllte, wie erwartet reagieren. Nach dem Ingang-

setzen der Apparatur mußte das Neon zum einen, das Helium zum anderen Ende der Reihe wandern.

Gustav Hertz verspürte bei seiner Arbeit eine besondere Freude, wenn er eine bis dahin unbekannte Erscheinung voraussagen konnte und es ihm gelang, sie zu beobachten. Er bevorzugte daher bei seinen Versuchen solche Methoden, bei denen er die Erscheinungen mit bloßem Auge beobachten konnte, wie etwa bei den Vorgängen einer Gasentladung oder bei Versuchen im sichtbaren Spektrum. In dem Bemühen, die Trennung eines Gasgemisches in seiner Diffusionskaskade direkt beobachten zu können, brachte er an jedem Ende der Anlage, durch welche das Gasgemisch zirkulierte, eine Glimmlampe an. Er hoffte so aus der Farbe des von der Glimmlampe ausgesandten Lichtes auf die Zusammensetzung des Gasgemischs zu schließen, das dort jeweils enthalten sein sollte.

Solange die Apparatur nicht in Gang war, zeigten beide Glimmlampen ein gleichmäßig leuchtendes Rot, eine hauptsächlich durch die Neon-Linien bestimmte Farbe. Wurde die Apparatur eingeschaltet, verblaßte in der am linken Ende befindlichen Glimmlampe mehr und mehr das Rot. Es verwandelte sich bald, über die Zwischenstufe des Rosa, in das blasse weiße Licht einer Glimmentladung in reinem Helium. Damit war die weitgehende Trennung eines Gasgemischs sichtbar gemacht und zugleich schon für das bloße Auge erkennbar, daß die Kaskade funktionierte.

Diese Versuche haben die Wirksamkeit des neuen Verfahrens erwiesen. Da sie aber für die Philips-Glühlampenfabriken nicht den erwarteten wirtschaftlichen Vorteil gegenüber dem traditionellen Verfahren für die Argon-Stickstoff-Trennung erbrachten, wurden sie wieder eingestellt. Gustav Hertz wandte sich anderen Aufgaben zu. Er war aber seitdem stets auf der Suche nach neuen Möglichkeiten, dieses neu entwickelte Trennverfahren für andere Zwecke nutzbar zu machen. So vorbereitet, sollte es ihm, wie man weiß, schließlich 1932/34 gelingen, sein Verfahren für die Trennung von Isotopen einzusetzen. Die Möglichkeit dafür bot sich ihm im neuerbauten bzw. eingerichteten Physikalischen Institut der Technischen Hochschule in Berlin-Charlottenburg. Darauf werden wir später zurückkommen.

Mit der Tätigkeit in der Industrie trat für Gustav Hertz die Problematik des Verhältnisses von physikalischer Forschung und

technischer Nutzung von Forschungsergebnissen in den Vordergrund seiner Überlegungen.
Gustav Hertz verfolgte bei seinen Versuchen stets von Beginn an alle möglichen Störeffekte und analysierte sie sorgfältig und systematisch mit dem Ziel, sie auszuschalten oder aber für andere Zwecke zu nutzen. So untersuchte er beispielsweise die Störeffekte bei elastischen Stößen zwischen Elektronen und Gasmolekülen. Sie haben wegen der damit verbundenen Änderung der Flugrichtung der Elektronen einen Einfluß auf die Energie in der ursprünglich beobachteten Geschwindigkeitskomponente.
Bereits 1917 erschien in den Verhandlungen der Deutschen Physikalischen Gesellschaft die Arbeit von Gustav Hertz „Über den Energieaustausch bei Zusammenstößen zwischen langsamen Elektronen und Gasmolekülen". Sie ist aus heutiger Sicht als ein Beginn der theoretischen Diskussion über die Trägerdiffusion in Gasen und als ein wichtiger Baustein für die Begründung der Plasmaphysik zu werten. Heute können wir sagen, schreiben hierzu beispielsweise Robert Rompe und Max Steenbeck in ihrem Aufsatz von 1967 über „Gustav Hertz in der Entwicklung der modernen Physik", daß

> die Verfeinerung der theoretischen Überlegungen, die besonders Hertz über die Bewegung langsamer Elektronen in Gasen entwickelt hat, eigentlich der Ausgangspunkt für die moderne, auf die von der Quantenphysik entdeckten Elementarprozesse zwischen Atomen, Ionen, Elektronen aufbauende Plasma- und Gasentladungsphysik geworden ist ... Die damals schon bekannte, von Townsend stammende Theorie des Übergangs von der unselbständigen in die selbständige Entladung – der Begriff stammt von Johann Starck – gebrauchte die Annahme, daß das Elektron grundsätzlich nur unelastische Stöße ausführt, bei denen die gesamte zwischen zwei Zusammenstößen aus dem Feld gewonnene Energie verloren geht. Hertz konnte experimentell und theoretisch zeigen, daß bei Edelgasen und Metalldämpfen die im Sinne der Bohrschen Theorie möglichen elastischen Zusammenstöße tatsächlich vorkommen. Durch Verfeinerung der experimentellen Methoden konnte für die Energieverluste der elastisch stoßenden Elektronen sogar der aus der Mechanik abgeleitete Wert richtig ermittelt werden, mit einem Fehler für Helium von nur etwa 10 %. [47, S. 11]

Schon Heinrich Hertz hatte bei den theoretischen Folgerungen aus seinen Versuchen mit Funken und Schwingungen die dabei zugrundeliegende Theorie der Elektrodynamik von Maxwell begrifflich bereinigt und mathematisch präzisiert. Gustav Hertz benutzte Ansätze, die grundsätzlich schon in der

Maxwellschen Theorie der Gase enthalten waren, die er aber anschaulich kinetisch formulierte und deren physikalischen Inhalt er dadurch klarstellte. Von ihm stammen für die Plasmaphysik so fundamentale Ergebnisse wie: die allgemeine Bedeutung der Diffusion bei der Bewegung von langsamen Elektronen in elektrischen Feldern, ferner die Akkumulation der Energie bis zu einem weit über dem thermischen Gleichgewicht liegenden Endwert. Die später von Langmuir und seinen Schülern entdeckte Elektronentemperatur – die bei kleinen Drücken erheblich höher ist als die Gastemperatur – ist in diesen Arbeiten von Hertz bereits implizit enthalten. [47, S. 11]

Gustav Hertz „fand auch einen Ausdruck für die Fortpflanzungsgeschwindigkeit der Elektronen in Feldrichtung, der den bekannten Zusammenhang zwischen Geschwindigkeit, Feldstärke, freier Weglänge und mittlerer Elektronengeschwindigkeit in der richtigen Form wiedergibt. Hier sind auch die Arbeiten von Druyvestern über die Geschwindigkeitsverteilung der Elektronen bei Vorliegen von elastischen Stößen zu erwähnen, die von den Hertzschen Methoden ausgehen“ [47, S. 11], wie Rompe und Steenbeck, auch diesen Beitrag von Gustav Hertz zur Entwicklung der modernen Physik würdigend, hierzu ausführen.

Forschung und technische Nutzung

Das Verhältnis zwischen Forschung und technischer Nutzung der Forschungsergebnisse ist nicht immer günstig gestaltet. Das Beispiel der Forscherpersönlichkeit Gustav Hertz läßt erkennen, daß individuelle Bestrebungen im Einklang mit gesellschaftlichen Bedingungen die Arbeit eines Forschers wesentlich zu fördern vermögen. Die innere Motivation ist eine wichtige Stimulierung für die wissenschaftliche Tätigkeit, aber eine große Rolle spielt stets auch die gesellschaftliche Wertung eines zu lösenden Problems. Gustav Hertz bewegte seit seiner Tätigkeit in der Industrie zunehmend bei allen Aufgaben, die er bearbeitete, die Möglichkeit einer technischen Nutzung seiner Forschungsarbeit und damit ihr gesellschaftlicher Wert.
Im Philips-Laboratorium hatte Gustav Hertz eine Erfindung gemacht, die sich als sehr erfolgreich hinsichtlich ihrer technischen Nutzung erwies. Diese Erfindung hat folgende Geschichte: Hertz arbeitete mit dem Edelgas Argon, das, weil chemisch inaktiv, als Füllgas für Glühlampen verwendet wird. Er beobachtete im Ent-

ladungsrohr das Spektrum der „positiven Säule", das ist die an die Anode angrenzende, den größten Teil des Entladungsrohres erfüllende Leuchterscheinung der Glimmentladung. Bei geringer Stromdichte gelang es ihm aber nicht, das reine Argonspektrum zu beobachten, weil stets gleichzeitig einige Quecksilberlinien auftraten.

Gustav Hertz kannte andererseits die technischen Mängel der Neon-Quecksilberröhren, daß nämlich ihr Licht mit zunehmendem Frost in unschöne rosa Farbtöne überging. So kam ihm im Zusammenhang mit seinen Versuchen der Gedanke, Argon mit Quecksilber zur Füllung von Leuchtstoffröhren zu benutzen, um sie auf diese Weise gegen tiefe Temperaturen unempfindlicher zu machen. Er erblickte in dieser Erfindung allerdings keine große wissenschaftliche Leistung.

Nicht zuletzt aus solchen Erfahrungen wie der obengenannten gewann Gustav Hertz die Überzeugung, ein in der Industrie tätiger Physiker müsse ein guter Physiker und sich stets bewußt sein, daß seine Arbeit der Lösung technischer Aufgaben zu dienen habe. Er sollte sich bei jeder neu gewonnenen wissenschaftlichen Erkenntnis stets die Frage stellen, ob es ein technisches Problem gibt, zu dessen Lösung die neue Erkenntnis beitragen könnte. Diese im Industrie-Laboratorium gewonnene Haltung blieb bei Gustav Hertz seitdem immer präsent.

Trotz der guten Arbeitsbedingungen im industriellen Forschungslaboratorium der Philips-Glühlampenfabriken zog es Gustav Hertz zu einer Tätigkeit als akademischer Lehrer und Forscher. Daher folgte er einem Ruf an die Universität in Halle, zwar ungern, aber man gab ihm zu verstehen, daß er, wenn er dieses Angebot ablehne, mit keinem anderen Ruf an eine preußische Universität mehr zu rechnen habe. 1926/27 wirkte er also als ordentlicher Professor und Direktor des Physikalischen Instituts an der Universität in Halle. Dann erreichte ihn ein neues sehr verlockendes Angebot. Er erhielt einen Ruf an die Technische Hochschule in Berlin-Charlottenburg, den er beglückt annahm.

Als Lehrer und Forscher (1927–1945)

Im Jahre 1927 begann Gustav Hertz an der Technischen Hochschule in Berlin-Charlottenburg zu wirken. In der neuen Aufgabe ging es zunächst darum, die Unterrichtstätigkeit in der Physik neu zu beleben und eine Studienfachrichtung Physik einzurichten. Beides empfand Gustav Hertz als eine schöne Aufgabe. Seine Vorliebe galt jedoch der Arbeit als Hochschullehrer. Es gelang in relativ kurzer Zeit, in Zusammenarbeit mit Richard Becker und Max Volmer an der TH Charlottenburg eine anerkannte wissenschaftliche Heimstätte der Physik zu schaffen. Mit Beginn des Wintersemesters 1931 wurde der Neubau eines modernen und unter Leitung von Gustav Hertz hervorragend eingerichteten physikalischen Instituts auf dem Gelände der Hochschule in der Kurfürstenallee eingeweiht. Damit war für das physikalische Institut auch ein würdiger äußerer Rahmen geschaffen.

An dem gemeinsam von Hertz, Becker und Volmer veranstalteten Charlottenburger Kolloquium nahmen viele bereits in der Berliner Industrie beruflich tätige Physiker teil. Es erwarb sich neben dem an der Berliner Universität stattfindenden Kolloquium große Beachtung. Für die Studenten jener Jahre ist das interne Tee-Kolloquium des Physikalischen Instituts, das den Professor Gustav Hertz regelmäßig mit seinen Assistenten und Diplomanden vereinte, ebenso unvergessen. So berichtet zum Beispiel W. Hartmann, ein Schüler von Gustav Hertz:

> Hier lernten seine Schüler die Unerbittlichkeit gegen das Hinwegdiskutieren von gedanklichen Schwierigkeiten ebenso wie die Anwendung des abstrahierenden Lehrbuchwissens auf die rauhe Wirklichkeit der experimentellen Fragestellung an die Natur. [47, S. 7]

Auf den Institutsfesten war der Direktor keinem Spaß abgeneigt. So kam auch die fröhliche Geselligkeit zu ihrem Recht.

Wie schon erwähnt, verbanden sich bei Gustav Hertz Entdeckungen und neue Methoden stets mit der Suche danach, sie technisch nutzbar werden zu lassen. So spürte er auch den Möglichkeiten nach, sein bei Philips entwickeltes Trennverfahren von Gasen neuen praktischen Anwendungen zu erschließen. In diesem Bestreben wandte er sich wieder dem Problem der Gastrennung durch Diffusion in Diaphragmen zu (Diaphragmen sind poröse, stromdurchlässige Scheidewände, die die Vermischung von Lösungen oder Gasen durch Diffusion verhindern bzw. erschweren) sowie auch der Diffusion in strömendem Dampf. Schließlich gelang es Gustav Hertz 1932/34, die Trennkaskade zu entwickeln und zu bauen. Damit wurde auch die Gewinnung von Isotopen in wägbaren Mengen möglich, d. h. von Nukliden, deren Atomkerne gleiche Protonen-, aber verschiedene Neutronen bzw. Massenzahl besitzen, die zur Kennzeichnung dient. Gustav Hertz führte die Trennung der Neon- und Wasserstoffisotope durch. Sein Verfahren wurde später im großtechnischen Maßstab in den USA zur Trennung der Uranisotope eingesetzt und war auch der in der Sowjetunion beschrittene Weg zur großtechnischen Trennung der Uranisotope.

Gustav Hertz hatte seinerzeit an eine technische Anwendungsmöglichkeit so großen Ausmaßes nicht denken können. Im Gegenteil führte er später hierzu aus:

> Ich erinnere mich, wie ich mir damals überlegt habe, ob ich berechtigt sei, an einer Technischen Hochschule über einen Gegenstand zu arbeiten, bei dem mit der Möglichkeit einer technischen Anwendung überhaupt nicht zu rechnen war. Damals konnte ich nicht ahnen, daß kaum mehr als zehn Jahre später in Amerika eine technische Diffusionskaskade größten Ausmaßes gebaut werden würde. Zweck dieser aus mehreren tausend Gliedern bestehenden Anlage war die Gewinnung von hoch angereichertem Uran 235 für die erste Atombombe. [48, S. 62]

Gegen die Anwendung der Atombombe erhob Gustav Hertz schärfsten Protest.

Das Streben von Gustav Hertz war, wie bei allen großen Physikern, insbesondere darauf gerichtet, in der Fülle der Erscheinungen Zusammenhänge zu suchen, um so die Erscheinungen selbst besser zu verstehen und einordnen zu können. So verbindet sich bei ihm die Problematik der Anregung von Quantensprüngen durch Elektronenstoß mit der scheinbar weitentfernten, für die Ausnutzung der Kernenergie so entscheidenden Problematik der Isotopentrennung. Gustav Hertz suchte in seinen Arbeiten den praktischen Nutzen, indem er den Anwendungsmöglichkeiten gebührende Aufmerksamkeit widmete, aber sein Streben war vor allem auf grundlegende wissenschaftliche Erkenntnisse ausgerichtet.

So versteht man, wie Gustav Hertz von der Untersuchung der elastischen Zusammenstöße der Elektronen mit Gasmolekülen, die ja zunächst nur in Form einer störenden Nebenerscheinung seiner ersten Fragestellung aufgetreten waren, zur systematischen Behandlung der Diffusion von Elektronen in elektrischen Feldern und schließlich zur Isotopentrennung durch Diffusion kam.

Schon während der Tätigkeit im Philips-Laboratorium hatte Hertz die Behandlung der Diffusion auch auf die Diffusion neutraler Gase ausgedehnt. Als das Vorkommen verschiedener Isotope in fast jedem Element bekannt wurde, wandte Gustav Hertz die Diffusion sofort auf die Trennung von Isotopen an. Schon 1922 veröffentlichte er einen Vorschlag, den

> Trennungsgrad einer einzigen Diffusionsoperation dadurch (grundsätzlich beliebig weit) zu vergrößern, daß die Diffusion in einer entgegengerichteten Gas- (oder besser Dampf-) Strömung erfolgen solle; dieser Vorgang hat dabei formal große Ähnlichkeit mit der Diffusion von Elektronen in einem hemmenden elektrischen Feld. Dieser qualitativ sofort einleuchtende Vorschlag wurde von Hertz schon in der ersten Arbeit in einfacher, aber genau das Wesentliche behandelnden Weise mathematisch in quantitativer Form präzisiert, so daß daraus die Leistungsfähigkeit abgeschätzt werden konnte. [47, S. 13]

So schildern Rompe und Steenbeck den Vorschlag von Gustav Hertz für eine bemerkenswert einfache Versuchanordnung, die zunächst zur Abtrennung von Helium und Helium-Neon-Gemischen diente. Es offenbarte sich schon dabei die Leistungsfähigkeit eines solchen Verfahrens, obgleich dies noch keine Isotopentrennung war. Mit einer Erhöhung des Trennfaktors traten Regulierungsschwierigkeiten der Versuchsapparatur auf. Sie führten Gustav Hertz dazu, auf das schon länger bekannte Mittel der Diffusion durch Diaphragmen zurückzugreifen. Den damit verbundenen Nachteil eines geringen Trennfaktors des Einzelprozesses kompensierte er durch das von ihm erdachte Verfahren einer Kaskadierung des Materialflusses in einer ganzen Kette von Diaphragmen. Mit der Kaskadentrennanlage von 1932 wurde es möglich, erstmalig spektralreine Neon-Isotope in wägbarer Menge zu erhalten. Zugleich konnten die wichtigsten Parameter der Anlage analysiert werden. Auf Grund der gewonnenen Erfahrungen kehrte

Gustav Hertz 1934 zur Isotopentrennung in einer Gegendampfströmung zurück. Bei Anwendung des Gegendampfverfahrens brauchte der Trennfaktor nur einen geringeren, noch beherrschbaren Wert zu erreichen, denn Gustav Hertz benutzte zusätzlich die inzwischen durchkonstruierte Kaskadenschaltung, so daß insgesamt sich ein relativ hoher Trennfaktor ergab. Damit hatte Gustav Hertz eine Trennmethode geschaffen, deren grundsätzliche Leistungsfähigkeit für die Isotopentrennung unbestritten ist.
Die von Gusav Hertz entwickelte Diffusionskaskade zur Isotopentrennung bestand im wesentlichen aus Glas. Die Diffusion erfolgte durch Rohre aus „poröser" Keramik. Als Pumpen zur Aufrechterhaltung der Zirkulation dienten gläserne Quecksilberdampfstrahlpumpen. Ohne Schwierigkeiten gelang die Trennung der Isotope 20 und 22 des Neons und die Reindarstellung des schweren Wasserstoffs. Diese Apparatur diente der Gewinnung solcher Mengen der getrennten Isotope, wie sie zur Untersuchung der Spektren der einzelnen Isotope benötigt wurden [47, S. 13]. Hertz selbst schildert das Verfahren so:

Die Trennung durch Diffusion benutzt die Tatsache, daß bei der Diffusion eines Gasgemischs durch eine poröse Wand ins Vakuum die Diffusionsgeschwindigkeiten der einzelnen Komponenten sich verhalten wie die Wurzeln aus den Molekulargewichten. Bei einmaliger Diffusion durch eine poröse Wand, ergibt das den Trennfaktor $\sqrt{\frac{M_s}{M_e}}$, wenn M_s bzw. M_e die Molekulargewichte des schweren bzw. leichteren Isotops bedeuten.
Da dieser Faktor im allgemeinen sehr klein ist, so muß das Verfahren sehr häufig wiederholt werden. Eine Anordnung, bei welcher dies kontinuierlich

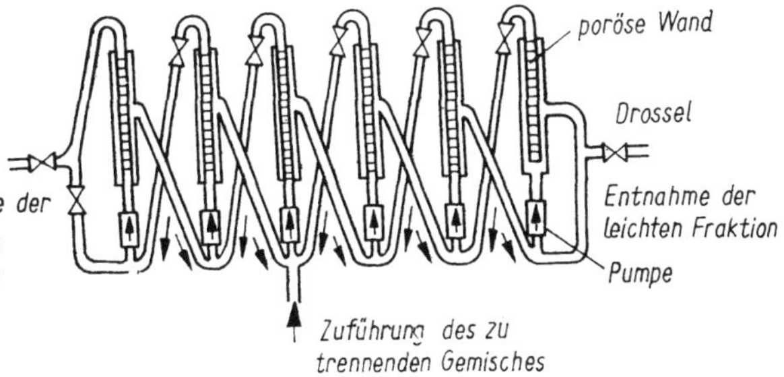

10 Schema einer Anlage zur Trennung von Isotopen durch Diffusion nach Gustav Hertz [46]

in einer großen Zahl von Stufen geschieht, ist die Diffusionskaskade [Abb. 10]. Sie besteht aus einer Reihe von Röhren mit porösen Wänden, welche sich in vakuumdichten Mänteln befinden, und dazu gehören Pumpen. Jede Pumpe pumpt das an der betreffenden Stelle vorhandene Gemisch in das zugehörige poröse Rohr. Durch dieses diffundiert die Hälfte des Gemisches hindurch und wird durch die rechts gelegene Nachbarpumpe angesaugt. Der Rest fließt über eine Drossel zur links gelegenen Nachbarpumpe ab. Jedes aus Pumpe und porösem Rohr bestehende sogenannte Trennungsglied zerlegt daher das an der Stelle vorhandene Gemisch in eine leichte und eine schwere Fraktion und gibt die leichte an das rechts benachbarte Trennungsglied, die schwere an das links benachbarte Trennungsglied ab. Auf diese Weise ergibt sich längs der Kaskade eine von Trennungsglied zu Trennungsglied ansteigende Konzentration des abzutrennenden Isotops. Dieses Verfahren wird im industriellen Maßstab zur Abtrennung des für die Gewinnung von Kernenergie wichtigen Isotops U^{235} benutzt, welches zu 0,7 %

11 Die von Gustav Hertz 1934 gebaute Diffusionskaskade zur Isotopentrennung im Laboratorium der Technischen Hochschule Berlin-Charlottenburg [48]

im natürlichen Uran enthalten ist. Für die Diffusionstrennung wird die gasförmige Verbindung UF_6 (Uranhexafluorid) benutzt. Die Molekulargewichte der beiden Moleküle $U^{235}F_6{}^{19}$ sind 349 und 352. Der Trennfaktor für eine einfache Diffusion ist also $\sqrt{\frac{352}{349}} = 1{,}0043$. Um aus dem natürlichen Uran hochgradiges U^{235} zu gewinnen, sind demnach Kaskaden von mehreren 1000 Gliedern notwendig. [46, S. 26 f.]

Das Verfahren der Thermodiffusion, des chemischen Austausches und der fraktionierten Destillation und andere, sind Verfahren, welche hauptsächlich zur Trennung von Isotopen in kleineren Mengen geeignet sind.

Der Experimentalphysiker Gustav Hertz hatte auch in politischen Fragen stets eine praktische Lösung des anstehenden Problems im

12 Gustav Hertz gelang es, mit dem von ihm 1932 entwickelten Gasdiffusionsverfahren die Isotope Neon-20 und Neon-22 zu trennen. Nach dem gleichen Prinzip wurden später großtechnische Trennanlagen gebaut, in denen das Uran-Isotop-235 angereichert wird. Benutzt wird dabei das Uranhexafluorid UF_6. In Oak Ridge, Tennessee (USA), entstanden diese riesigen Anlagen zur Herstellung des Uran-235 [48]

Auge und teilte in der weltanschaulichen Haltung die hohe humanistische Gesinnung seines Onkels Heinrich Hertz. Beides ist schon in der Zeit nach dem ersten Weltkrieg als charakteristischer Wesenszug seiner Persönlichkeit ausgeprägt. Wir finden es bestätigt in einem Brief, den Lise Meitner, die berühmte österreichische Physikerin, die unter anderem 1939 zusammen mit Otto Robert Frisch die richtige Deutung der Uranspaltung gab, am 26. 11. 1923 an Max von Laue schrieb. Lise Meitner berichtete dort Max von Laue folgendes:

Auf Ihre Anfrage, was ich in Holland über die Frage des Beitritts der holländischen Physiker zu der Union Internationale des Physiciens gehört habe, ... habe ich zuerst in Leiden ganz zufällig etwas über diese Sache erfahren. Prof. Einstein erzählte mir gesprächsweise, daß er zu der betreffenden Sitzung der holländischen Physiker eingeladen war. Lorentz habe gesagt, daß es natürlich geradezu sinnlos sei, eine Nation, die wie die deutsche, einen so wesentlichen Anteil an der Entwicklung der Physik habe, auszuschließen; er halte es aber nicht für zweckmäßig, wenn die holländischen Physiker die Verurteilung dieses Vorgehens durch Ablehnung eines Beitritts zum Ausdruck brächten; sie sollten vielmehr beitreten, um ... innerhalb dieser Gesellschaft gegen den Ausschluß von Deutschland Stimmung zu machen. Einstein fügte noch hinzu, daß er persönlich es für wirksamer gehalten hätte, wenn die holländischen Physiker ihren Protest durch die Verweigerung des Beitritts erhoben hätten, daß er aber, da er nicht der holländischen Physikervereinigung angehört und nur als Gast anwesend war, nichts sagen konnte. Dagegen hätte Hertz ... gesagt, da ja ausdrücklich von Lorentz der Ausschluß der Deutschen scharf verurteilt und so freundliches über die deutsche Physik gesagt worden sei, scheine es ihm nicht so von der Hand zu weisen, daß vielleicht der Beitritt der Holländer nützlicher sein könnte für Deutschland als ihr Fernbleiben.
Da ich Gelegenheit hatte, Hertz in Eindhoven zu sprechen, habe ich ihn ausführlich über die Sache befragt und bin auch von ihm in dem obigen Sinne informiert worden. Er meinte, daß es begreiflicherweise für die deutsche Physik im Moment größere Genugtuung bedeuten könne, daß die holländischen Physiker ihren Beitritt verweigert haben, daß aber gerade im Interesse einer wirksamen Opposition gegen die französische Ausschließungspolitik der Beitritt der Holländer vielleicht das *praktisch* Richtigere gewesen wäre. Und er betonte nochmals, daß Lorentz alles eher als in deutsch-feindlichem Sinne gesprochen habe ... [79]

Im vorangehenden Brief kommt die unterschiedliche Haltung der Internationalen Physikervereinigung zu den deutschen Physikern nach dem ersten Weltkrieg zum Ausdruck. Die Solidarität des holländischen Physikers Lorentz mit den deutschen Physikern entspricht der von Heinrich Hertz 1891 geprägten humanistischen

Grundhaltung, als höchstes Ziel der wissenschaftlichen Arbeit, gemeinsam mit allen Menschen, das Wohl der gesamten Menschheit anzustreben. Heinrich Hertz hatte in seinem Aufsatz „Zum 31. August 1891“ (zum 70. Geburtstag von Hermann von Helmholtz) formuliert, daß im Reiche der Wissenschaft das Gefühl für die gemeinsamen Interessen aller Menschen nicht ganz verloren sei, so engherzig sich auch die Beziehungen der Völker zueinander gestaltet haben. Er wollte die Leistungen des eigenen Volkes ehrenvoll eingebettet sehen in dem Strom der internationalen Wissenschaftsleistungen. In diesem Sinne wollten 1923 Einstein und Gustav Hertz den internationalen Charakter der Wissenschaft dementsprechend gewahrt sehen – trotz der bestehenden politischen Spannungen zwischen den Völkern. So richteten sie sich gegen die französische „Ausschließungspolitik“ in bezug auf die deutschen Physiker.

Die Begriffe deutsche Wissenschaft und deutsche Physik waren hier noch neutral und positiv motiviert. Diese ursprünglich also positive Motivierung, hervorgegangen aus dem Stolz der Erfolge der deutschen Forschung seit dem 19. Jahrhundert, wurde später in der Zeit des deutschen Faschismus in chauvinistischer Weise verzerrt. Man versuchte, wie es etwa Lenard dann ausdrückte, die „artfremde“, „undeutsche“ Theorie von Albert Einstein durch eine sogenannte anschauliche „deutsche Physik“ zu ersetzen. Diese sich früh anbahnende nationalistische und chauvinistische Entwicklung in Deutschland verfolgte Gustav Hertz mit größtem Unbehagen. Seine unter dem Einfluß der faschistischen Herrschaft in Deutschland getroffenen persönlichen Entscheidungen bestimmten seinen weiteren wissenschaftlichen und Lebensweg.

Gustav Hertz genoß sowohl als Forscher als auch als Hochschullehrer einen hervorragenden Ruf. Bereits die Studenten des ersten Studienjahres wiesen in jener Zeit (1935) voller Hochachtung auf den Gebäudekomplex, in welchem der hochverehrte Lehrer und ihr großes Vorbild wirkte. Doch die unerträglich bedrückenden politischen Verhältnisse warfen bereits vor 1933 ihre finsteren Schatten voraus.

Mitte 1933 wurden dann Hunderte von Wissenschaftlern als „Nichtarier“ oder als politische Gegner des Naziregimes entlassen. Die Geschichte zeigt, daß Forscher mit den herrschenden politischen Kräften in Konflikt geraten können, wenn ein Regime inhumane Ziele vertritt oder Forschungsergebnisse zu inhumanen Zwecken ausnutzen will. Das faschistische Deutschland ist das extremste Beispiel dafür. Viele humanistisch gesinnte, aufrechte und bedeutende Wissenschaftler emigrierten, schwiegen erbittert oder haben später begonnen, unter Lebensgefahr mehr und mehr gegen den Faschismus zu arbeiten.

Vom Berliner Lehrbetrieb wurden unter vielen anderen schon sehr bald so bedeutende Gelehrte ausgeschlossen wie Albert Einstein und auch der Chemiker Fritz Haber, der kurz darauf in der Emigration verstarb. Haber begründete die Niederlegung seines Amtes unter anderem folgendermaßen:

Meine Tradition verlangt von mir in einem wissenschaftlichen Amte, daß ich bei der Auswahl von Mitarbeitern nur die fachlichen und charakterlichen Eigenschaften der Bewerber berücksichtige, ohne nach ihrer rassenmäßigen Beschaffenheit zu fragen ... [62, S. 4 f.]

Göttingen verlor zum Beispiel so hervorragende Physiker wie James Franck und Max Born, die Mathematiker Richard Courant und Emmi Noether und den Statistiker Felix Bernstein. Der politische Einfluß des Naziregimes wurde immer unerträglicher.

Die folgende Anekdote mag als ein Mosaiksteinchen die schlimme Zeit des Faschismus, in der Gustav Hertz einen Teil seines Lebens bestreiten mußte, charakterisieren helfen:

Während der Faschistenzeit machte ein Professor Vallot den ungeheuerlichen Vorschlag, die Maßeinheit Hertz, benannt nach Heinrich Hertz, dem Begründer der Hochfrequenztechnik, in Helmholtz umzubenennen, mangels der „arischen Großmutter" von Heinrich Hertz. Ein Kolloquium fand deshalb statt. Max von Laue, ein aufrechter Humanist (sein Name stand später auch unter dem Göttinger Appell) leitete das Kolloquium, dazu hatte er den Neffen von Heinrich Hertz, Gustav Hertz, geladen, ihn gebeten, zu sprechen. Er erteilte Gustav Hertz das Wort mit dem Bemerken: „Und nun bitte ich Herrn Helmholtz, äääm ... Herrn Hertz, seinen Vortrag zu halten". (Nach E. Krumbholz, Nächtliche Ruhestörung)

Auch der aufrechte Humanist Gustav Hertz weigerte sich, die von Hitler geforderte Loyalitätserklärung abzugeben. Er trennte sich im Jahre 1935 auf Grund der politischen Diskrepanzen in Auswirkung der faschistischen Hochschulpolitik vom Charlottenburger Arbeitskreis und verzichtete auf sein Lehramt, das er gewiß nicht leichten Herzens aufgab. Man hatte ihm untersagt, Prüfungen abzuhalten, weil sein Großvater von jüdischen Eltern abstammte. Nachdem er sein Ordinariat niedergelegt hatte, übernahm er den

Aufbau und die Leitung eines Forschungslaboratoriums der Siemens-Werke in Berlin. In dem schnell wachsenden Laboratorium wurden Resultate erzielt auf Gebieten wie Feldelektronenemission, Halbleiter, Ultraschall, Photoeffekt, um nur die wichtigsten aufzuzählen.

Als Gustav Hertz 1935 die Leitung des neu geschaffenen Siemens-Forschungslaboratoriums II übernahm, waren, wie Erwin Wilhelm Müller aus seiner Erinnerung in einer persönlichen historischen Bemerkung schreibt, „W. Hartman, E. Schmidt, W. Schütze und ich die ersten einer sich bald vergrößernden Gruppe hoffnungsvoller Forscher“ [47, S. 107]. In seiner faszinierenden Art schlug Gustav Hertz damals zum Beispiel unter anderem seinem jungen Kollegen vor, sich mit Feldemission zu beschäftigen. Er meinte, berichtet E. W. Müller hierüber,

> es wäre doch schön, wenn man die Elektronen überlisten könnte, ohne Arbeitsaufwand aus dem Metall herauszukommen. Ich kannte seinen leicht ironisierenden Humor schon gut genug, um zu wissen, daß es sicher nicht ohne Arbeitsaufwand von seiten des Experimentators gehen würde. In der Tat, mehr als 30 Jahre später ist die Feldemissionskaskade für die technische Anwendung immer noch ein Sorgenkind. Jedoch hat sich das Feldelektronenmikroskop, das damals im Verlauf der Untersuchungen entstand [1937], als ein nützliches Instrument für die Erforschung von Oberflächenvorgängen erwiesen. Insbesondere die neuere Version des Feldelektronenmikroskopes [1951] hat uns zum ersten Male die einzelnen Atome als Bausteine von Metallkristallen direkt sichtbar gemacht und intime Einzelheiten der atomaren Struktur von Oberflächen enthüllt. Feldemissionsmikroskopie, mit Elektronen und Ionen, wird heute in vielen Laboratorien betrieben ... So hat sich auch aus dieser weit voraussehenden Anregung unseres verehrten Lehrers ein neues fruchtbares Forschungsgebiet eröffnet. [47, S. 107]

Im Feldelektronenmikroskop wird es möglich, die Oberflächen von Objekten durch Projektion mit Hilfe von Heliumionen auf einem Leuchtschirm in atomaren Einzelheiten von mehr als millionenfacher Vergrößerung abzubilden.

Gustav Hertz stand mehrfach vor dem Problem, wissenschaftliche Grundlagen für technische Aufgaben zu erarbeiten. Vor ein solches Problem wurde er auch 1945 gestellt. Er erhielt ein Angebot, Grundlagen für die Trennung der Uranisotope im großtechnischen Maßstab zu entwickeln. Er entschied sich dafür, diese Aufgabe zu übernehmen. Darauf soll im folgenden kurz eingegangen werden.

Als Forscher in der UdSSR (1945–1954)

Als der zweite Weltkrieg beendet und der Faschismus besiegt war und die Menschen endlich – nach 12 langen Jahren – von seiner Schreckensherrschaft befreit waren, erhielt Gustav Hertz eine Einladung der Regierung der UdSSR, in der Sowjetunion zu arbeiten. Er folgte diesem Ruf. Unter seiner Leitung entstand am Ufer des Schwarzen Meeres an den Ausläufern des Kaukasus in einer märchenhaft schönen subtropischen Landschaft ein modernes und leistungsfähiges Institut. Es wurde von deutschen und sowjetischen Mitarbeitern gemeinsam aufgebaut.
Über seine Tätigkeit in der Sowjetunion in den Jahren von 1945 bis 1954 berichtete Gustav Hertz selbst:

Ich war Leiter eines Instituts, dessen einzige Aufgabe darin bestand, wissenschaftliche Grundlagen für die Trennung der Uran-Isotope im großtechnischen Maßstab zu erarbeiten. Die bei der Trennung der Neon-Isotope im Laboratorium gemachten Erfahrungen konnten mir dabei allerdings wenig nützen. Allein die Tatsache, daß die Summe aller zwischen Trenngliedern zirkulierenden Gasströme in der technischen Kaskade etwa 10^7 mal größer war als in unserer Neon-Kaskade, zeigt, daß es sich um eine Aufgabe ganz anderer Größenordnung handelte. Außerdem aber führte die chemische Aggressivität der für die Trennung benutzten gasförmigen Uranverbindung Uranhexafluorid zu technologischen Schwierigkeiten. Die wichtigste Aufgabe war die Herstellung von geeigneten porösen und gegen Uranhexafluorid beständigen Diaphragmen. Das konnte von den Chemikern und Technologen nur in enger Zusammenarbeit mit den Physikern gelöst werden. So konnte zum Beispiel die obere Grenze der noch zulässigen Korrosionsverluste nur durch eine mathematische Untersuchung des Einflusses der Korrosion auf den Trennvorgang in der Kaskade ermittelt werden. Auch die zu fordernden Werte von Durchlässigkeit und Porendurchmesser der Diaphragmen wurden von den Physikern auf Grud theoretischer Berechnungen festgelegt. Gleichzeitig wurden Meßgeräte gebaut, welche diese Größen schnell und genau zu messen erlaubten. Weitere Aufgaben waren die Entwicklung von Geräten zur Präzisionsmessung der Isotopenzusammensetzung von Uranproben sowie theoretische Untersuchungen über die Stabilität und die Regelung der Kaskade. An diese Zeit erfolgreicher Zusammenarbeit in unserem Kollektiv aus sowjetischen und deutschen Wissenschaftlern verschiedener Fachrichtungen denke ich sehr gern zurück. [48, S. 63]

In bezug auf diese Tätigkeit führt Gustav Hertz weiter aus, daß, nachdem „für die Atombombe das Uran 235 durch Plutonium ersetzt wurde ... eine Isotopentrennung für diesen Zweck nicht mehr erforderlich“ war, sondern „die Diffusionskaskade nunmehr entscheidende Bedeutung für die Anwendung der Atomenergie für friedliche Zwecke“ gewonnen habe.

Die Mehrzahl der heutigen Kernkraftwerke verwendet ein nach diesem Verfahren angereichertes Uran mit einem Gehalt von einigen Prozent U 235. Erst neuerdings scheint es gelungen zu sein, die Diffusionskaskade durch die weniger Energie verbrauchende Gaszentrifuge zu ersetzen. [48, S. 63]

Die Gaszentrifuge dient der Trennung von Isotopen. Sie ist besonders für die Isotopenanreicherung schwerer Elemente wie Uran 235 geeignet. Dies ist der wichtigste Kernbrennstoff.
Uran wurde 1789 von M. H. Klaproth entdeckt. Im Jahre 1896 fand Henri Becquerel die Radioaktivität der Pechblende. 1935 bis 1938 wiederholten Otto Hahn, Lise Meitner und Fritz Straßmann die Strahlungsversuche von Enrico Fermi. 1939 entdeckten Otto Hahn und Straßmann die Spaltbarkeit des Urankerns. Lise Meitner und Otto Robert Frisch gaben eine erste theoretische Deutung des Spaltungsprozesses und schätzten die freiwerdende Energie ab.
Uran ist nach dem Planeten Uranus bezeichnet. Es ist ein silberweißes, ziemlich weiches, radioaktives Metall mit der Ordnungszahl 92. Wichtige Uranerze sind Pechblende und Carnolit. In der Natur kommen die Isotope U 238 mit 99,28 %, U 235 mit 0,72 % und U 234 mit 0,0057 % vor. U 238 ist ein α-Strahler mit der Halbwertszeit von $4{,}5 \cdot 10^9$ Jahren und das Anfangsglied der Uran-Radium-Zerfallsreihe. U 234 ist ein Folgeprodukt von U 238. U 235 ist ebenfalls ein α-Strahler mit der Halbwertszeit von $7{,}1 \cdot 10^8$ Jahren und das Anfangsglied der Aktiniumzerfallsreihe. Bei der Aufnahme langsamer Neutronen spaltet sich der Atomkern unter Aussendung einer vergrößerten Zahl von Neutronen. Diese können ihrerseits wieder Kernspaltungen auslösen, so daß eine Kettenreaktion entsteht. Man verwendet hierfür meist Uran, dessen U-235-Gehalt auf 1 bis 30 % angereichert wurde.
Bevor wir uns abschließend der Tätigkeit von Gustav Hertz als Wissenschaftler und Hochschullehrer in der Deutschen Demokratischen Republik zuwenden, wollen wir noch einen Bericht von Manfred von Ardenne über seine Begegnung mit Gustav Hertz in der UdSSR wiedergeben.

Von Ardenne arbeitete 1945–1955 in der Sowjetunion. Als ihm ein Beauftragter der Regierung der UdSSR mitteilte, er könne den Ort für ein technisch-physikalisches Institut, seine künftige Arbeitsstätte, selbst wählen: Moskau, die Krim oder Grusinien, entschied er sich für Grusinien: „Ich bat darum, den Standort möglichst dort zu wählen, wo der Kaukasus besonders nahe an das Schwarze Meer heranreicht. Diesem Wunsche wurde entsprochen." [59, S. 160]

Unmittelbar nach dieser Entscheidung wurden von Ardenne Zeichnungen und Fotos des großen Intourist-Sanatoriums Sinop bei Suchumi übergeben mit dem Auftrag, Pläne für die Umgestaltung des Gebäudes als technisch-physikalisches Institut mit den zugehörigen Werkstätten auszuarbeiten. Zu diesem Zeitpunkt wurde bekannt, daß auch

> Professor Dr. Gustav Hertz mit einer Gruppe von Mitarbeitern in die Sowjetunion kommen und den Auftrag, eine ähnliche Forschungsstätte zu organisieren, erhalten würde. Ich schlug vor, das Hertzsche Institut in der Nähe des unseren zu projektieren, und wies dabei auf die Vorteile einer solchen Entscheidung für die wissenschaftliche Zusammenarbeit beider Einrichtungen hin. [59, S. 161]

So fand das Hertzsche Institut seinen Standort im 7 km von Sinop entfernten Agutseri. Beide Institute konnten sich häufig geistige und materielle Hilfe geben. Das beeinflußte das Tempo der wissenschaftlichen Arbeiten und befruchtete oft die wissenschaftlichen Ergebnisse. Auch die menschlichen Beziehungen zwischen den beiden deutschen Spezialistenkreisen und die Gemeinsamkeit ihres Handelns wirkten sich für beide Mitarbeitergremien sehr günstig aus. Sie blieben bis über die Zeit der Rückkehr aus der Sowjetunion hinaus erhalten.

Es ergab sich ganz von selbst, berichtet von Ardenne, „daß Professor Hertz und ich viele wichtige, besonders menschliche Probleme miteinander besprachen, bevor wir uns an die zuständigen sowjetischen Stellen wandten" [59, S. 161]. Unter den vielen Aufgaben bestand die Aufgabe des Ardenne-Instituts vor allem darin, „industrielle Verfahren zur Trennung von Uran-Isotopen zu entwickeln" [59, S. 162].

Das US-Regime veranlaßte in den Augusttagen 1945, kurz vor Beendigung des Krieges mit Japan, den militärisch sinnlosen Abwurf von Atombomben auf Hiroshima und Nagasaki. Hunderttausende Menschen starben einen entsetzlichen Tod. Max Planck, dessen Sohn Erwin als Mitwisser der gescheiterten Verschwörung gegen Hitler am 23. 1. 1945 hingerichtet wurde, hatte befürchtet, daß das Hitlerregime in letzter Verzweiflung zu diesem Mittel greifen würde. Diese Wunderwaffe, wie sie die Nazipropaganda ankündigte, kam aber durch den entschiedenen Widerstand berühmter Physiker nicht zum Einsatz. Statt dessen setzten die Vereinigten Staaten von Amerika auf die Atombombe als Mittel zur Erringung der Weltherrschaft. Manfred von Ardenne fragte sich:

> Sollten nun unmenschliche Kräfte aus Übersee die Schreckensherrschaft des Faschismus in Europa ablösen? Das durfte einfach nicht geschehen! Wo aber lag nach dem schlimmsten aller Kriege die Kraft, die das verhindern konnte? Ich stellte mir erneut die Frage, welche Verantwortung ich als Wissenschaftler in dieser Situation zu tragen hatte. Mußte ich nicht meine Kräfte und Fähigkeiten einsetzen, um jene zu unterstützen, die einer derartigen Entwicklung entgegenwirken konnten? [59, S. 163]

Ende August 1945 reisten die Ehepaare Hertz und Volmer gemeinsam mit der Familie von Ardenne von Moskau nach Suchumi in den Süden.

Durch Hertz und Volmer wurde während der langen Fahrt häufig über die berühmten Kolloquien am Physikalischen Institut der Berliner Universität der zwanziger und dreißiger Jahre gesprochen. Gustav Hertz hatte das wissenschaftliche Gespräch in diesen Zusammenkünften, an denen Einstein, Planck, Nernst, von Laue, Pringsheim, Westphal und viele andere bedeutende Physiker teilnahmen, meist mit den Worten begonnen, erinnerte sich von Ardenne: „Ich sage jetzt wahrscheinlich etwas sehr dummes, aber. . .“. Und dann folgten geistvolle Gedankengänge – und so ist es immer geblieben!

Als Wissenschaftler und Lehrer in der DDR (1954–1975)

Nach der Zerschlagung des faschistischen Regimes hatte Gustav Hertz im Herbst 1945 in der Sowjetunion die Leitung eines Forschungslaboratoriums übernommen. Im Oktober 1954 reiste er in die Deutsche Demokratische Republik und erhielt einen Ruf als Hochschullehrer an die Karl-Marx-Universität Leipzig. Er wurde am 12. 11. 1954 mit Wirkung vom 15. 10. 1954 zum Professor mit Lehrstuhl für das Fach Experimentalphysik und zum 1. Direktor des Physikalischen Instituts an der Mathematisch-Naturwissenschaftlichen Fakultät der Karl-Marx-Universität Leipzig bestätigt. Dort wirkte er bis zu seiner Emeritierung im Jahre 1961.

In der Sitzung des Plenums der Deutschen Akademie der Wissenschaften zu Berlin vom 25. November 1954 wurde Gustav Hertz in Würdigung der besonderen wissenschaftlichen Verdienste und in Anerkennung der nationalen und internationalen Bedeutung seiner Arbeiten in einer Sonderwahl zum ordentlichen Mitglied der Berliner Akademie gewählt. Diese Wahl wurde am 17. Dezember 1954 durch den Ministerpräsidenten der Deutschen Demokratischen Republik bestätigt. Die Mitglieder der Akademie waren stolz, in Gustav Hertz einen Gelehrten von Ruf in ihren Reihen zu haben und ihr Präsident drückte die Hoffnung aus, „daß Hr. Hertz durch aktive Mitarbeit helfen wird, die Arbeiten der Akademie zu fördern zum Wohle unseres Staates und seiner Menschen". Am 8. 1. 1955 schrieb Gustav Hertz an den Präsidenten der Akademie:

> ... Mit großer Freude habe ich von der hohen Ehre Kenntnis genommen, welche mir dadurch zuteil geworden ist. Ich werde mich bemühen, durch aktive Mitarbeit an den Arbeiten der Akademie das in mich gesetzte Vertrauen zu rechtfertigen. [80]

Er nahm bis zu seinem Lebensende am wissenschaftlichen Leben und an den Arbeiten der Akademie teil. In dem Antrag der Deutschen Akademie der Wissenschaften zu Berlin, Klasse Mathematik, Physik und Technik auf Zuwahl von Herrn Professor Gustav

Hertz zum ordentlichen Mitglied der Akademie heißt es in Würdigung seiner Verdienste unter anderem:

Gustav Hertz ist einer der bedeutendsten Experimentalphysiker. Am Beginn seiner wissenschaftlichen Laufbahn, in der Zeit seiner Assistententätigkeit am Physikalischen Institut der Berliner Universität, führte er zusammen mit James Franck jenen grundlegenden Versuch über die quantenhafte Anregung von Atomen durch Elektronen durch, welcher zugleich als Fundamentalversuch der modernen Quantenphysik anerkannt wurde und 1925 durch Verleihung des Nobelpreises an Franck und Hertz gemeinsam seine Würdigung fand.
Prof. Hertz lieferte weitere grundlegende Ergebnisse zur Erforschung der Elektronenhülle der Atome, vor allen Dingen hinsichtlich der Wechselwirkung mit Elektronen.
Nach Beendigung des Neubaues des Physikalischen Instituts an der Technischen Hochschule Berlin wandte Herr Hertz sein Interesse einem neuen Gebiet der Physik zu, dem Gebiet der Isotopentrennung. Auch hier sind ihm grundlegende Arbeiten über die Trennung von Isotopen durch Diffusionsvorgänge und auf anderen Wegen zu verdanken.
Während seiner Tätigkeit als Leiter eines Forschungslaboratoriums der Siemenswerke beschäftigte sich Hertz mit Problemen, die teils der Gasentladungsphysik, teils der Physik der Halbleiter nahestehen.
In allen Phasen seiner wissenschaftlichen Tätigkeit hat Hertz eine große Anzahl begabtester Schüler herangebildet, die heute selbst Lehrstühle der Physik im Westen unseres Vaterlandes und im Ausland bekleiden.

Nach 1945 konnte Gustav Hertz die Anzahl seiner Schüler, die in westlichen Ländern arbeiten, um eine große Anzahl von begabten Schülern in sozialistischen Ländern bereichern.
In allen seinen Arbeiten bewies Gustav Hertz eine souveräne Beherrschung seines Faches. Er konnte durch seine Forschungen und wissenschaftlichen Veröffentlichungen dazu beitragen, daß Ansehen der Wissenschaft in der Welt zu heben.
Als Vorsitzender des Rates für die friedliche Anwendung der Atomenergie beim Ministerrat der DDR bemühte sich Gustav Hertz um die sinnvolle und segensreiche Anwendung der größten modernen Energiequelle. Er beteiligte sich an der Ausarbeitung wichtiger Bestimmungen über den Strahlenschutz im Jahre 1956. Im Jahre 1957 erklärte sich Gustav Hertz zusammen mit den Leipziger Atomwissenschaftlern Werner Holzmüller, Waldemar Ilberg, Arthur Lösche und Karl Werner mit Göttinger Wissenschaftlern solidarisch gegen den Mißbrauch wissenschaftlicher Erkenntnisse für Zwecke der Vernichtung. Als Mitglieder der Physikalischen Gesellschaft forderten Gustav Hertz und Robert Rompe im Na-

men der in der Physikalischen Gesellschaft vereinigten Physiker alle Wissenschaftler der Welt auf, dringend auf ihre Regierungen einzuwirken mit dem Ziele, die Einstellung der Atombombenversuche zu erreichen.

Diese humanistische Gesinnung findet ihren Ausdruck in der Erklärung von Wissenschaftlern vom 3. Mai 1957, unterzeichnet von M. Volmer, W. Friedrich, H. Ertel, G. Hertz, R. Rompe, M. Steenbeck, A. Thiessen, R. Seeliger, H. Falkenhagen, J. Born, A. Eckardt, P. Kunze, F. Weiss und G. Richter, alle aus dem kernphysikalischen Arbeitsbereich der Akademie, die Kernenergie für friedliche Zwecke einzusetzen. Sie erklären:

Aller Fortschritt der Menschheit beruht auf sinnvoll angewandter Erkenntnis. Mißbrauch von Erkenntnissen kann die Entwicklung verzögern, hat sie aber bisher nicht aufhalten können. Erst in unseren Tagen droht der Mißbrauch atomarer Kräfte jede weitere Entwicklung durch die physische Vernichtung der Menschheit unmöglich zu machen. Für die Abwendung dieses drohenden Unheils setzen sich am nachdrücklichsten diejenigen Forscher ein, deren Arbeit die Grundlagen des neuen Wissens geschaffen hat. Es ist aber Gewissenspflicht aller Wissenschaftler, unabhängig von ihrer politischen und weltanschaulichen Einstellung, dagegen aufzutreten, daß der Sinn ihrer Arbeit in Widersinn verkehrt wird. ... Diese Gefahr steigt mit dem Vorhandensein jeder Art von Atomwaffen, einerlei, ob es sich dabei um Artilleriegeschosse, Raketen oder Flugzeugbomben handelt, denn auch die schwächste „taktische" Kernwaffe kann ihrer Natur nach keine geringere Zerstörungskraft haben als die Bomben von Hiroshima und Nagasaki. ... Die Erschließung der Kernenergie für friedliche Zwecke wird einen so großen Fortschritt in der Entwicklung der Menschheit bedeuten, daß hierfür der Einsatz aller Kräfte geboten ist. ... Dabei kann eine Gefährdung der Umwelt völlig ausgeschlossen werden... Wir wollen, daß die Kernprozesse dem Leben der Menschheit dienstbar gemacht und nicht mißbraucht werden. Jeder, der die Grundlagen atomarer Waffen kennt, muß als berufener Mahner allem entgegentreten, was dem Atomkrieg den Weg bereiten könnte. Er muß darüber hinaus unermüdlich gegen jede Äußerung einer Gesinnung auftreten, die in kriegerischen Maßnahmen die Lösung von Spannungen suchen möchte. Der menschliche Geist, der Kultur und Gesittung geschaffen hat, entwürdigt sich durch Anwendung brutaler Gewalt.
Bei gutem Willen kann die geistige Kraft der Menschen aus jeder noch so kritischen Lage einen friedlichen Ausweg finden. [80]

Die kernphysikalische Forschung verdankt Gustav Hertz wesentliche Anregungen und Beiträge. Die technischen Möglichkeiten der Kernenergie klar erkennend, trat Gustav Hertz als Vorsitzender des Wissenschaftlichen Rates für die friedliche Anwendung der Kernenergie beim Ministerrat der Deutschen Demokratischen Republik stets für dessen humanistische Ziele ein. Er erwarb sich Verdienste um den Aufbau und die Zusammenarbeit der für die friedliche Anwendung der Kernenergie tätigen Institutionen. So widmete Gustav Hertz sein ganzes Leben der Wissenschaft und ihrer humanistischen Aufgabe und trat ihrer menschenfeindlichen Vergewaltigung stets entgegen.

Zeugnis dafür, wie Gustav Hertz die friedliche Nutzung der Kernenergie betrieb, ist sein 1956 verfaßtes Vorwort zu dem von ihm herausgegebenen Band über „Grundlagen und Arbeitsmethoden der Kernphysik", in welchem er unter anderem schrieb:

Infolge der äußeren Umstände ist es in Deutschland bisher nicht möglich gewesen, die Kernphysik in einem Umfange zu pflegen, welcher ihrer mit jedem Jahre zunehmenden Bedeutung entsprochen hätte. Dank der Hilfe der Sowjetunion werden jedoch in der Deutschen Demokratischen Republik in naher Zukunft die Voraussetzungen dafür gegeben sein, nicht nur Forschungs- und Entwicklungsarbeiten in der Richtung auf die friedliche Ausnutzung der Kernenergie durchzuführen, sondern auch die vielen Möglichkeiten auszunutzen, welche die Anwendung radioaktiver Isotope auf fast allen Gebieten der Wissenschaft und Technik bietet. Eine erfolgreiche Anwendung dieses neuen Hilfsmittels unter Vermeidung der damit verbundenen Gefahren setzt eine gründliche Kenntnis der kernphysikalischen Erscheinungen und Arbeitsmethoden voraus. [46, Vorwort]

Gustav Hertz war bestrebt, den an diesen Problemen interessierten Wissenschaftlern und Ingenieuren den Zugang zu diesem damals noch relativ neuartigen Gebiet zu erleichtern. So verfaßte er Publikationen, um „den Leser mit den grundlegenden Tatsachen und den für die Kernphysik charakteristischen Begriffen vertraut zu machen und ihn auf diese Weise zum weiteren Studium dieses Gebietes anzuregen" [46, Vorwort]. Er liefert in dem erwähnten Band einen glänzenden Beitrag über die Grundlagen der Atomphysik: Plancksches Wirkungsquantum, Photoeffekt, Röntgenbremsstrahlung, Comptoneffekt und Wellennatur der Korpuskularstrahlen; ferner über die Physik der Elektronenhülle des Atoms: Atomspektren, Energieaustausch bei Stößen zwischen Elektronen und Atomen, Wirkungsquerschnitt; über das Periodische System der Elemente sowie über die Eigenschaften und den Bau der Atomkerne: Massenspektroskopie, Isotopentrennung, Kernspin, Neutron, Aufbau der Kerne, natürliche Radioaktivität, künstliche Kernumwandlung und künstliche Radioaktivität [46, S. 1–39].

Das von Gustav Hertz herausgegebene Lehrbuch der Kernphysik

13 In der Bildmitte Gustav Hertz im September 1956 in Dubna. Rechts hinter Gustav Hertz Prof. D. Blochinzew, erster Direktor des Vereinigten Instituts für Kernforschung. Während einer Besichtigung des Institutsgeländes zeichnet Prof. U. Sergijenko, erster administrativer Direktor, den Grundriß des entstehenden neuen Laboratoriumsgebäudes für theoretische Physik. Als Vorsitzender des wissenschaftlichen Rates für die friedliche Anwendung der Atomenergie beim Ministerrat der DDR war Gustav Hertz Mitglied der Delegation aus der DDR, die 1956 zur Gründung des Vereinigten Instituts für Kernforschung in Dubna weilte [48]

aus dem Jahre 1960 gehört zu den Standardwerken der kernphysikalischen Fachliteratur. Gustav Hertz hat dazu beigetragen, die beispiellosen Möglichkeiten der modernen Physik zu beschleunigen und neue Gebiete der Technik mit außerordentlicher gesellschaftlicher Relevanz zu initiieren. Das historische Bewußtsein für das Entstehen und die Entwicklung dieser Schöpfungen menschlichen Geistes und ihrer gesellschaftlichen Bedingtheit und Bedeutung ist für ihn so außerordentlich wertvoll, daß es wach gehalten werden muß. Die Forschungsmethodik der Physik ist ein fruchtbarer Weg zur exakten Erschließung der Naturkräfte für den Menschen. Sie setzt eine schöpferische Atmosphäre des gegenseitigen Förderns und der Kooperation in verschiedenen Formen voraus und darf nicht verlorengehen. Die Physik befruchtete durch Ausnutzung ihrer fundamentalen Erkenntnisse die meisten Gebiete der Naturwissenschaften und der Technik [47, S. 13]. Die Verdienste von Gustav Hertz erstrecken sich von der naturwissenschaftlichen Forschung über die Lehre bis zur experimentellen Vorbereitung der technischen Anwendung.

Studenten, die Gustav Hertz in den Vorlesungen für Experimentalphysik erlebten, und alle, die ihn darüber hinaus persönlich kennenlernten, schätzten seine geistige Unbestechlichkeit und nüchterne Beurteilung, seine helfende, manchmal liebenswürdig ironisch gefärbte Kritik und vor allem seine zutiefst humanistische Grundhaltung. „Ohne Wünsche und Hoffnungen zu unterstellen", blieb Gustav Hertz immer sich selbst treu, „strebte er nach einer nüchternen Beurteilung der Lage und zog daraus mit klarem Urteil die Konsequenzen. Manchem von uns hat er dadurch in schweren Stunden sehr geholfen" [47, S. 7 f.], schreibt einer seiner Schüler voller Dankbarkeit und Verehrung über seinen großen Lehrer und sein wissenschaftliches und menschliches Vorbild Gustav Hertz.

In seinen späten Jahren vermittelt uns Gustav Hertz aus dem reichen Schatz seiner Erfahrungen als Leiter von Forschungskollektiven wichtige Empfehlungen für den Einsatz und das nötige Profil leistungsfähiger Physiker. Seine vielfältigen Erfahrungen verallgemeinernd und aktualisierend wies er darauf hin, daß die Ausbildung der Physiker sich nicht auf das Vermitteln von Wissen allein beschränken dürfe:

Für die Tätigkeit in der Industrie genügt das bloße Wissen nicht. Auf das Können kommt es an. Notwendig ist daher, daß das Wissen dem zukünfti-

14 Gustav Hertz (links im Bild), Lise Meitner (Bildmitte) und James Franck im April 1964 im Haus von Gustav Hertz. Sie waren durch jahrzehntelange Freundschaft miteinander verbunden [48]

gen Physiker in solcher Form geboten und von ihm so verarbeitet wird, daß er imstande ist, es auch wirklich anzuwenden. Die physikalischen Erscheinungen, welche der Physiker in seiner praktischen Tätigkeit bei Messungen oder Beobachtungen nutzen wird, gehören fast ausschließlich in das Gebiet der klassischen Physik. Eine gründliche Ausbildung in der klassischen Physik [sei] daher nach wie vor eine unbedingte Voraussetzung für spätere erfolgreiche Arbeit. [48, S. 64]

Entsprechend dieser Empfehlung gehören zu einer modernen Ausbildung auch Kenntnisse und Fähigkeiten in der klassischen Physik und ihrer technischen Bewältigung. Unter den heutigen Bedingungen der Mikroelektronik, Laser- und genetischen Ingenieursowie Robotertechnik usw., bedeutet das, die Möglichkeiten der klassischen Technologien mit den modernen Technologien zu verbinden, um sie in eine weit höhere Produktivkraft umzusetzen, als dies früher der Fall sein konnte.

Ausklang

Gustav Hertz wurden Anerkennung und Ehrungen in reichem Maße zuteil. Im Jahre 1926 erhielt er gemeinsam mit James Franck den Nobelpreis für Physik des Jahres 1925 für das Elektronenstoßverfahren. Dieses lieferte einen unmittelbaren experimentellen Beweis für die später eingeführten Grundannahmen des Bohrschen Atommodells. Durch seine Anwendung wurde das die Mikrowelt beherrschende Wirkungsquantum *h* mit Hilfe eines Voltmeters gemessen. Seit 1951 war Gustav Hertz Träger der Max-Planck-Medaille des Verbandes der physikalischen Gesellschaften. 1952 erhielt er den Leninpreis II. Klasse, 1955 den Nationalpreis I. Klasse, 1956 den Vaterländischen Verdienstorden in Gold, 1957 die Euler-Plakette der Akademie der Wissenschaften der UdSSR, 1959 die Helmholtz-Medaille der Deutschen Akademie der Wissenschaften zu Berlin und den Titel „Hervorragender Wissenschaftler des Volkes" sowie 1962 den Orden „Banner der Arbeit".
Gustav Hertz wurde 1954 Ordentliches Mitglied der Akademie der Wissenschaften zu Berlin und war von 1963–1968 Sekretar. Zahlreiche weitere in- und ausländische Akademien ernannten Gustav Hertz zum Ordentlichen und zum Ehrenmitglied, so etwa die Sächsische Akademie der Wissenschaften, die Akademie der Naturforscher „Leopoldina", die Akademie der Wissenschaften Göttingen, die Akademien der Wissenschaften der Sowjetunion, der Volksrepublik Ungarn und Rumänien, der Tschechoslowakischen Sozialistischen Republik.
Als Gustav Hertz am 30. Oktober 1975 starb, trauerten um ihn Angehörige und Freunde, Schüler und Mitarbeiter sowie Vertreter zahlreicher wissenschaftlicher, gesellschaftlicher und staatlicher Einrichtungen in aller Welt.
Abschließend soll die bemerkenswert überzeugende Ansicht von Gustav Hertz zur Frage der Verantwortung des Wissenschaftlers dargestellt werden, die er, 87jährig, 1974 formuliert hat. Sie bezieht sich auf das Thema der Isotopentrennung. Er hatte sich schon in Eindhoven (1920–1925) mit dem Problem der Gastren-

15 Gustav Hertz während seines letzten Vortrages an der Sektion Physik der Karl-Marx-Universität Leipzig im Jahre 1974, der sich mit der Isotopentrennung befaßte [48]

nung beschäftigt. Es waren bei der Trennung von Stickstoff und Argon Schwierigkeiten aufgetreten. Er wurde gefragt, ob man nicht bessere Methoden finden könne. Da habe ich es mir überlegt, erinnert sich Gustav Hertz, und habe

ein neues Verfahren zur Gastrennung ausgearbeitet. Es war von vornherein klar, daß dieses Verfahren für das technische Problem der Argon-Stickstoff-Trennung nicht anwendbar war, da es viel zu großen Aufwand erforderte. Aber ich erkannte, daß es wohl aussichtsreich wäre, damit eventuell Isotopen zu trennen. Isotopen, das sind ja bekanntlich Atomarten von gleichen Eigenschaften, aber verschiedenem Atomgewicht, und die konnte man damals nicht trennen. Und dieses Problem habe ich dann in Charlottenburg aufgenommen, weil es mich interessierte. Nun, ich möchte beinahe sagen, es war vielleicht nicht rein wissenschaftlich, sondern mehr, wenn man so will, ein sportliches Interesse. Weil es niemand gelungen war, die Isotopen zu trennen, da wollte ich mal sehen, ob ichs nicht könnte.

Und es gelang ihm dann auch. Nun, fährt Gustav Hertz in seinen Ausführungen fort:

dies ist ganz interessant, dieses Thema, im Zusammenhang mit allgemeinen Fragen bezüglich der Verantwortung des Wissenschaftlers zu seiner Arbeit. Als ich damit anfing – mit der Isotopentrennung – an der Technischen Hochschule, da weiß ich, daß ich mir selbst überlegt habe und auch mit anderen gesprochen habe: bin ich eigentlich berechtigt, an der Technischen Hochschule ein solches Thema zu bearbeiten, von dem man mit Sicherheit sagen

kann, daß es niemals irgendwelche technische Bedeutung haben wird? Das habe ich damals gefragt, und das war auch meine Überzeugung! Und in Wirklichkeit wurden, wie gesagt, zehn Jahre später ungefähr, in Amerika, und später in der Sowjetunion, riesenhafte Fabriken gebaut, welche nichts taten als die Anwendung dieses Verfahrens für die Uranisotopen. Das zeigt doch sehr deutlich, daß bei einer wissenschaftlichen Entdeckung oder Entwicklung zunächst überhaupt nicht abzusehen ist, für welchen Zweck es später mal benutzt werden kann, und daß deshalb die Frage nach der Verantwortung des Wissenschaftlers für seine Arbeit doch nur in einem anderen Sinne gestellt werden darf – denn die Verantwortung dafür, was mit einer wissenschaftlichen Erkenntnis geschieht, wofür sie benutzt wird, haben doch die Menschen, die das nachher veranlassen.
Aber die Verantwortung des Wissenschaftlers besteht meiner Ansicht nach in solchen Fällen darin, daß er, wenn er erkennt, daß Mißbrauch getrieben wird mit seiner Entdeckung, Erkenntnis, daß er das dann in der Öffentlichkeit zur Kenntnis gibt und die Öffentlichkeit aufmerksam macht. [81]
Im übrigen ist das ja auch hier wieder ein typischer Fall, daß dasselbe Verfahren der Isotopentrennung, was bis heute noch benutzt wird, notwendig ist für die Trennung, für die Gewinnung des Brennstoffs für die Kernkraftwerke – und andererseits natürlich auch für die Atombombe.

Gustav Hertz hat sich wiederholt für die friedliche Anwendung seiner Forschungsergebnisse eingesetzt und wünschte den jungen Physikern, daß sie sich mit derselben Begeisterung neuen Aufgaben stellen können, wie seine Generation es vor Jahrzehnten getan hat.

16 Gustav Hertz an seinem Schreibtisch. Bis zuletzt verfolgte er mit Interesse das wissenschaftliche Leben auf seinem Fachgebiet [48]

Chronologie

1887 Gustav Hertz geboren (22. Juli).
Heinrich Hertz entdeckt und untersucht die elektromagnetischen Wellen (Hertzsche Wellen – Funkwellen).
H. Hertz entdeckt, daß eine Funkenentladung schon bei niedrigen Spannungen zündet, wenn sie mit ultraviolettem Licht bestrahlt wird (Hertz-Effekt).

1888 H. Hertz erbringt den experimentellen Nachweis, daß elektromagnetische Wellen sich mit Vakuumlichtgeschwindigkeit c ausbreiten.
Äußerer lichtelektrischer Effekt entdeckt (W. Hallwachs und A. G. Stoletow).

1890 G. J. Stoney prägt den Begriff „Elektron".

1891 H. Hertz macht Versuche über den Durchgang von Kathodenstrahlen durch dünne Metallschichten (Abhandlung 1892).

1894 Lenardsches Fenster zur Untersuchung der Kathodenstrahlen.
Heinrich Hertz gestorben (1. Januar).

1895 Entdeckung der Röntgenstrahlung (8. November).
Elektronentheorie von H. A. Lorentz veröffentlicht.

1896 H. Becquerel entdeckt in Paris die Radioaktivität.
Zeeman-Effekt entdeckt.

1897 Entdeckung des Elektrons durch J. J. Thomson als Kathodenstrahl-Teilchen und Messung des Verhältnisses der Ladung zur Masse des Elektrons.
Kathodenstrahlröhre von K. F. Braun entwickelt.

1898 Entdeckung des Elektrons als gebundenes Teilchen und Bestandteil des Atoms.

1899 Messung der Strahlung des „schwarzen Körpers" durch O. Lummer und Pringsheim.

1900 Plancksche Quantenhypothese, Plancksches Wirkungsquantum.

1902 E. Rutherford entwickelt Theorie des radioaktiven Zerfalls.
Quecksilberdampflampe von P. Cooper-Hewitt.

1904 M. v. Smoluchowski entwickelt Theorie der thermodynamischen Schwankungen.

1905 A. Einstein: Erklärung der Brownschen Molekularbewegung, Erklärung des lichtelektrischen Effekts, spezielle Relativitätstheorie.

1906 Gustav Hertz schließt das Realgymnasium des Johanneums in Hamburg ab und studiert danach in Göttingen Mathematik bei Runge, Hilbert, Carathéodory.
W. H. Nernst entwickelt den 3. Hauptsatz der Thermodynamik.

1907 Gustav Hertz wird in München durch A. Sommerfeld und dessen Assistenten P. J. W. Debye für die Physik begeistert.

1908 Gustav Hertz nimmt in Berlin das Studium der Physik auf.
Verflüssigung des Heliums durch H. Kamerlingh-Onnes.

1909 E. Rutherford klärt die Natur der Alpha-Teilchen auf.
O. Hahn und L. Meitner entdecken gemeinsam den radioaktiven Rückstoß sowie das Nuklid ThC" (^{208}Tl).

1911 Gustav Hertz schließt das Physik-Studium mit der Promotion zur Erlangung des akademischen Grades Dr. phil ab. In der Dissertation hatte er über das ultraviolette Absorptionsspektrum des Kohlendioxids gearbeitet.
Gustav Hertz nimmt den Vorschlag von James Franck an, mit ihm zusammen über Elektronen in Gasen zu arbeiten.
Vorschlag eines Atommodells durch E. Rutherford.

1912 M. v. Laue, P. Knipping und W. Friedrich entdecken Beugung von Röntgenstrahlen an Kristallen.

1913 Elektronenstoßversuche von James Franck und Gustav Hertz.
Vorschlag eines Atommodells durch N. Bohr.
I. Langmuir entwickelt Glühlampe mit Gasfüllung.

1914 Ausbruch des ersten Weltkrieges (28. Juli).

1915 Entdeckung des Einstein-de-Haas-Effekts.

1916 A. Einstein veröffentlicht die Grundlage der allgemeinen Relativitätstheorie.

1917 O. Hahn und L. Meitner entdecken in Berlin das chemische Element Nr. 91, Protactinium.

1918 Ende des ersten Weltkrieges (11. 11.).

1919 Erste künstliche Kernreaktion von E. Rutherford entdeckt.
Nachweis von Isotopen mit dem Massenspektrographen durch F. W. Aston.
Von A. Sommerfeld erscheint: Atombau und Spektrallinien.

1920 Gustav Hertz nimmt eine Tätigkeit im Laboratorium der Philips-Glühlampenfarbik in Eindhoven auf.

1923 Entdeckung des Compton-Effekts.

1924 L. de Broglie stellt Hypothese der Materiewellen auf.

1925 Pauli-Prinzip.
Begründung der Quantenmechanik durch W. Heisenberg und M. Born.
Hypothese des Elektronenspins von S. Goudsmith, G. E. Uhlenbeck.
L. Meitner erkennt, daß die γ-Strahlung stets nach der Emission von α- und β-Teilchen vom Tochterkern ausgesandt wird.

1926 Gustav Hertz erhält zusammen mit James Franck den Nobelpreis für Physik des Jahres 1925.
E. Schrödinger arbeitet Wellenmechanik aus.
Gustav Hertz wirkt als Direktor des Physikalischen Instituts an der Universität Halle (1926/27).

1927 Versuche von C. J. Davisson und L. H. Germer zur Beugung von Elektronen.
Heisenbergsche Unbestimmtheits-, Unschärferelation.
Hertz folgt Ruf an die Technische Hochschule Berlin-Charlottenburg.

1928 P. Dirac sagt Positron voraus.
Erprobung des Linearbeschleunigers durch Wideroe.

1930 M. v. Ardenne führt vollelektronische Bildübertragung vor – Beginn des modernen Fernsehens.
Entwicklung des Zyklotrons von E. O. Lawrence.
Bandgenerator als Teilchenbeschleuniger von R. J. van de Graaff.

1932 J. Chadwick entdeckt das Neutron und C. D. Anderson das Positron.
Erste Kernreaktionen durch künstlich beschleunigte Protonen von J. Cockcroft und E. Walton.
Radiostrahlung der Milchstraße wird entdeckt.
Atomkern aus Protonen und Neutronen aufgebaut: W. Heisenberg und D. D. Iwanenko.
Gustav Hertz entwickelt das Gasdiffusionsverfahren zur Trennung der Isotope Neon-20 und Neon-22.

1933 Entwicklung des Elektronenmikroskops.
Beginn der faschistischen Diktatur in Deutschland.

1934 I. Curie und F. Joliot entdecken die künstliche Radioaktivität.
E. Fermi und seine Mitarbeiter bestrahlen zahlreiche Elemente mit Neutronen und veröffentlichen die Entdeckung vermeintlicher Transuranelemente.
Entdeckung des Tritiums.
Diffusionskaskade zur Isotopentrennung von Gustav Hertz (vergleiche Abbildung 11).

1935 bis 1938 O. Hahn, L. Meitner und F. Straßmann wiederholen die Strahlungsversuche Fermis.
Gustav Hertz nimmt seine Tätigkeit im Laboratorium II der Siemens-Werke auf: Halbleiter, Ultraschall, Photoeffekt, Feldelektronenemission ...

1936 Diffusionsnebelkammer von A. Langsdorf.

1937 Erstes Zyklotron in der UdSSR gebaut.
Wasserstoffkühlung von Elektronengeneratoren erprobt.
Nachweis der von H. Yukawa vorausgesagten Mesonen.

1938 O. Hahn und F. Straßmann entdecken die Kernspaltung des Uraniums und Thoriums.

1939 L. Meitner und O. R. Frisch geben eine erste theoretische Deutung des Spaltungsprozesses und schätzen die freiwerdende Energie ab.
Forschungsgruppen in Frankreich, der Sowjetunion und den USA gelingt unabhängig voneinander der Nachweis der Spaltungsneutronen N. Bohr, J. A. Wheeler und J. I. Frenkel arbeiten auf der Grundlage des Tröpfchenmodells die Theorie der Kernspaltung aus.
1. September: Beginn des 2. Weltkrieges.

1940 Georgi N. Flerow und K. A. Petrshak entdecken in Moskau die spontane Kernspaltung.
Neptunium und Plutonium entdeckt von McMillan, G. T. Seaborg und Abelson.
Entwicklung des Betatrons durch W. Kerst.
Abtrennung des Uranisotops 235.

1942 E. Fermi und seine Mitarbeiter setzen den ersten Kernreaktor in Chicago in Gang am 2. Dezember.

1943 Beginn der Isolierung von Uran 235 und seiner Produktion im Rahmen des US-Atombombenprogramms.

1945 Mai: bedingungslose Kapitulation des faschistischen Deutschlands.
16. Juli: Versuchsexplosion einer amerikanischen Kernspaltungsbombe in der Wüste von New Mexico.
6. und 8. August: Abwurf von zwei Kernspaltungsbomben der USA auf Hiroshima und Nagasaki.
Synchrotron in der UdSSR entwickelt: W. J. Weksler.
Gustav Hertz folgt einer Einladung der Regierung der UdSSR und nimmt eine Tätigkeit in der Sowjetunion auf.

1946 Unter Leitung von I. Kurtschatow wird der erste sowjetische Versuchskernreaktor in Betrieb genommen.

1949 Zündung der ersten sowjetischen Kernspaltungsbombe. Brechung des USA-Kernwaffenmonopols.

1950 Feldelektronenmikroskop von E. W. Müller.
I. Tamm entwickelt Konzeption eines thermonuklearen Reaktors.

1952 Versuchsexplosion der ersten US-amerikanischen Wasserstoffbombe.

1953 Versuchsexplosion der ersten sowjetischen Wasserstoffbombe.

1954 In Obninsk bei Moskau wird das erste Kernkraftwerk der Welt für die friedliche Nutzung der Kernenergie in Betrieb genommen.
Gustav Hertz kehrt aus der UdSSR zurück und nimmt seinen ständigen Wohnsitz in der Deutschen Demokratischen Republik.

1956 Gründung der Vereinigten Institute für Kernforschung der sozialistischen Länder in Dubna. Gustav Hertz weilt in Dubna.

1957 Bei Dubna wird das größte Synchrophasotron der Welt in Betrieb genommen.
5. Dezember: Das erste zivile Nuklearschiff, der Eisbrecher „Lenin", läuft vom Stapel.

1972 Abkommen zwischen UdSSR und USA über die Zusammenarbeit bei der Erforschung und Nutzung des Weltraums zu friedlichen Zwecken.

1975 1. August: Unterzeichnung der Schlußakte der Konferenz für Sicherheit und Zusammenarbeit in Europa in Helsinki.
30. Oktober: Gustav Hertz gestorben im Alter von 88 Jahren.

Literatur

1. Abhandlungen

[1] G. Hertz: Über das ultraviolette Absorptionsspektrum der Kohlensäure in seiner Abhängigkeit von Druck und Partialdruck (Dissertation). Verh. Dt. Phys. Ges. 13 (1911) 617.

[2] J. Franck und G. Hertz: Über einen Zusammenhang zwischen Quantenhypothese und Ionisierungsspannung. Verh. Dt. Phys. Ges. 13 (1911) 967 und 14 (1912) 167.

[3] H. Rubens und G. Hertz: Über den Einfluß der Temperatur auf die Absorption langwelliger Wärmestrahlen in einigen festen Isolatoren. Sitzungsber. Berl. Akad. 14 (1912) 256.

[4] J. Franck und G. Hertz: Über durch polarisiertes Licht erregte Fluoreszenz von Joddampf. Verh. Dt. Phys. Ges. 14 (1912) 423.

[5] J. Franck und G. Hertz: Über eine Methode zur direkten Messung der mittleren freien Weglänge von Gasmolekülen. Verh. Dt. Phys. Ges. 14 (1912) 596.

[6] J. Franck und G. Hertz: Über den Zusammenhang zwischen Stoßionisation und Elektronenaffinität. Phys. Z. 14 (1913) 1115 und Verh. Dt. Phys. Ges. 15 (1913) 929.

[7] J. Franck und G. Hertz: Messung der Ionisierungsspannung in verschiedenen Gasen. Verh. Dt. Phys. Ges. 15 (1913) 34.

[8] J. Franck und G. Hertz: Über Zusammenstöße zwischen Gasmolekülen und langsamen Elektronen. Verh. Dt. Phys. Ges. 15 (1913) 373.

[9] J. Franck und G. Hertz: Notiz über Bildung von Doppelschichten. Verh. Dt. Phys. Ges. 15 (1913) 391.

[10] J. Franck und G. Hertz: Über Zusammenstöße zwischen Gasmolekülen und langsamen Elektronen II. Verh. Dt. Phys. Ges. 15 (1913) 613.

[11] J. Franck und G. Hertz: Zur Theorie der Stossionisation. Verh. Dt. Phys. Ges. 16 (1914) 12.

[12] J. Franck und G. Hertz: Über Zusammenstöße zwischen Elektronen und den Molekülen des Quecksilberdampfes und die Ionisierungsspannung desselben. Verh. Dt. Phys. Ges. 16 (1914) 457.

[13] J. Franck und G. Hertz: Über die Erregung der Quecksilberresonanzlinie 253,6 durch Elektronenstöße. Verh. Dt. Phys. Ges. 16 (1914) 512.

[14] J. Franck und G. Hertz: Über die relative Intensität der Gasspektra bei der Glimmentladung in Gasgemischen. Verh. Dt. Phys. Ges. 18 (1916) 213.

[15] J. Franck und G. Hertz: Über Kinetik von Elektronen und Ionen in Gasen. Phys. Z. 17 (1916) 409 und 430.

[16] G. Hertz: Über den Energieaustausch bei Zusammenstößen zwischen langsamen Elektronen und Gasmolekülen (Habilitationsschrift). Verh. Dt. Phys. Ges. 19 (1917) 268.
[17] J. Franck und G. Hertz: Die Bestätigung der Bohrschen Atomtheorie im optimalen Spektrum durch Untersuchungen der unelastischen Zusammenstöße langsamer Elektronen in Gasmolekülen. Phys. Z. 20 (1919) 132.
[18] G. Hertz: Über die Absorptionsgrenzen in der L-Serie. Z. Phys. 3 (1920) 19.
[19] G. Hertz: Über Absorptionslinien im Röntgenspektrum. Phys. Z. 21 (1920) 630.
[20] G. Hertz: On the mean free path of slow elektrons in neon and argon. Proc. Amsterdam, 25, Nr. 3.
[21] G. Hertz: Über die Anregungs- und Ionisierungsspannungen von Neon und Argon und ihren Zusammenhang mit den Spektren dieser Gase. Z. Phys. 18 (1923) 307.
[22] G. Hertz: Rubens und die Maxwellsche Theorie. Naturwiss. 10 (1922) 1024.
[23] G. Hertz: Bohrsche Theorie und Elektronenstoß. Naturwiss. 11 (1923) 564.
[24] G. Hertz: Ein neues Verfahren zur Trennung von Gasgemischen durch Diffusion. Phys. Z. 23 (1922) 433.
[25] G. Hertz: Über Trennung von Gasgemischen durch Diffusion in einem strömenden Gase. Z. Phys. 19 (1923) 35.
[26] G. Hertz: Über die Anregung von Spektrallinien durch Elektronenstoß. Z. Phys. 22 (1924) 18.
[27] G. Hertz: Die Anregungs- und Ionisierungsspannungen der Edelgase. Naturwiss. 12 (1924) 1211.
[28] G. Hertz und R. K. Kloppers: Die Anregungs- und Ionisierungsspannungen der Edelgase. Z. Phys. 31 (1925) 463.
[29] G. Hertz und J. C. Scharp de Visser: Über die Anregung von Spektrallinien durch Elektronenstoß II. Z. Phys. 31 (1925) 470.
[30] G. Hertz: Über die Diffusion langsamer Elektronen im elektrischen Felde. Z. Phys. 32 (1925) 298.
[31] G. Hertz: Das Spektrum des Neons im kurzwelligen Ultraviolett. Naturwiss. 13 (1925) 498.
[32] G. Hertz: Die Resonanzlinien des Neons. Z. Phys. 32 (1925) 933.
[33] G. Hertz: Über die Diffusion langsamer Elektronen im elektrischen Felde. Phys. Z. 26 (1925) 868.
[34] G. Hertz und J. H. Abbink: Die Resonanzlinien der Edelgase. Naturwiss. 14 (1926) 648.
[35] W. Harries und G. Hertz: Über die Zahl der Zusammenstöße bei der Diffusion langsamer Elektronen im elektrischen Felde. Z. Phys. 46 (1927) 177.
[36] G. Hertz: Die Ergebnisse der Elektronenstoßversuche im Licht der Bohrschen Theorie des Atoms. Nobelvortrag gehalten in Stockholm am 11. Dezember 1926. Lex prix Nobel en 1926. 1927.

[37] G. Hertz: Die Bedeutung der Planckschen Quantentheorie für die Experimentalphysik. Naturwiss. 17 (1929) 496.
[38] G. Hertz: Die elektrische Anlage des neuen Physikalischen Instituts der Technischen Hochschule Berlin. Elektrotechn. Z. 53 (1932) 49.
[39] G. Hertz: Ein Verfahren zur Trennung von gasförmigen Isotopengemischen. Naturwiss. 20 (1932) 493.
[40] G. Hertz: Ein Verfahren zur Trennung von gasförmigen Isotopengemischen und seine Anwendung auf die Isotopen des Neons. Z. Phys. 79 (1932) 108.
[41] H. Harmsen, G. Hertz und W. Schütze: Weitere Versuche zur Isotopentrennung. Reindarstellung des schweren Wasserstoffes durch Diffusion. Z. Phys. 90 (1934) 703.
[42] G. Hertz: Ein Verfahren zur Trennung von Isotopengemischen durch Diffusion in strömendem Quecksilberdampf. Z. Phys. 91 (1934) 810.
[43] G. Hertz: Zur Frage der Spannungsabhängigkeit des Zündverzuges. Z. Phys. 106 (1937) 102.
[44] G. Hertz und H. Mende: Der Strahlungsdruck in Flüssigkeiten. Z. Phys. 114 (1939) 354.
[45] G. Hertz: Der Strahlungsdruck in Flüssigkeiten und Gasen. Im Zusammenhang mit der Zustandsgleichung. Phys. Z. 41 (1940) 546.
[46] G. Hertz: Die Grundlagen der Atomphysik, in: Grundlagen und Arbeitsmethoden der Kernphysik, hrsg. von G. Hertz, Berlin 1957.
[47] Gustav Hertz in der Entwicklung der modernen Physik, Festschrift zum 80. Geburtstag von Gustav Hertz am 22. Juli 1967. Abhandlungen der Deutschen Akademie der Wissenschaften zu Berlin, Klasse für Mathematik, Physik und Technik, Jahrgang 1967 Nr. 1, Berlin 1967. Vgl. insbes. W. Hartman: Gustav Hertz 80 Jahre; R. Rompe, M. Steenbeck: Gustav Hertz in der Entwicklung der modernen Physik; E. W. Müller: Probleme der Feldelektronenmikroskopie.
[48] G. Hertz: Quantensprünge und Isotopentrennung, in: G. Lange, J. Mörke (Hrsg.): Wissenschaft im Interview, Leipzig, Jena, Berlin 1979.
[49] W. A. Fock: Über die Interpretation der Quantenmechanik. Referat auf der Allunionskonferenz der Akademie der Wissenschaften der UdSSR zu philosophischen Fragen der Naturwissenschaft. Moskau 1967.
[50] W. Gerlach: Zur Vorgeschichte der Atomistik. Die Analyse der Kathodenstrahlen in den Jahren 1893–1899. Nova Acta Leopoldina N. E. Bd. 27, 1963.

2. Vorträge

[51] G. Hertz: Die experimentellen Methoden der heutigen Physik, Festvortrag zur Leibniz-Feier der Akademie der Wissenschaften zu Berlin im Juli 1955.
[52] G. Hertz: Bedeutung des vereinigten Instituts für Kernforschung, Rundfunkvortrag 1956. Vgl. auch ND vom 5. 4. 1956.
[53] G. Hertz: Einführung in die Kernphysik, Rundfunkvortrag im Deutschlandsender im September 1956.

[54] Die Wahrscheinlichkeit in der Physik, Leipzig 1956. Vgl. auch ADN Kulturdienst vom 17. 11. 1956.
[55] G. Hertz: Die Entdeckungen von Heinrich Hertz und ihre Auswirkungen. Vortrag auf der Gedenkfeier anläßlich des 100. Geburtstages von Heinrich Hertz in der Hamburger Musikhalle im Februar 1957.
[56] G. Hertz: Aus den Anfangsjahren der Quantenphysik, in: Sitzgsber. Akad. d. Wiss. DDR, Math.-Natw.-Techn., 15 N, 1975, Berlin 1976.

3. Bücher

[57] G. Hertz (Hrsg.): Lehrbuch der Kernphysik, Band 2, Physik der Atomkerne, Leipzig 1960.
[58] Studien zur Geschichte der Akademie der Wissenschaften der DDR, Band 8, Physiker über Physiker II, Antrittsreden, Erwiderungen bei der Aufnahme von Physikern in die Berliner Akademie, Gedächtnisreden 1870–1929, Berlin 1979.
[59] M. v. Ardenne: Ein glückliches Leben für Technik und Forschung, Autobiographie, Berlin 1972.
[60] H.-J. Treder (Hrsg.): Gravitationstheorie und Theorie der Elementarteilchen, Berlin 1979. Wiederabdruck ausgewählter Beiträge des Einstein-Symposiums 1965 in Berlin.
[61] H.-J. Treder: Die Einheit der Physik bei Helmholtz, Planck und Einstein, in: Einstein-Centaurum 1979, Berlin 1979.
[62] Die Berliner Akademie der Wissenschaften in der Zeit des Imperialismus, Teil III 1933–1945. Berlin 1979.
[63] A. Sommerfeld: Elektrodynamik. Vorlesungen über theoretische Physik, Bd. 3, Leipzig und Wiesbaden; Atombau und Spektrallinien, Braunschweig 1939.
[64] C. Ramsauer: Grundversuche der Physik in historischer Darstellung. Berlin, Göttingen, Heidelberg 1953.
[65] W. Heisenberg: Physikalische Prinzipien der Quantentheorie, Mannheim 1958.
[66] J. Schreiner: Anschauliche Quantenmechanik, Frankfurt-Aarau 1978.
[67] W. Conrad: Physiker im Kreuzverhör. Große Experimente und ihre Meister. Leipzig 1975.
[68] K. Hoffmann: Otto Hahn. Stationen aus dem Leben eines Atomforschers (Eine Biographie). Berlin 1978.
[69] R. Rompe und H.-J. Treder: Grundfragen der Physik. Berlin 1981.
[70] I. Prigogine und I. Stengers: Dialog mit der Natur. Neue Wege naturwissenschaftlichen Denkens. München 1981.
[71] G. Richter: Atombau, Leipzig 1974.
[72] F. Herneck: Die heilige Neugier. Erinnerungen, Bildnisse, Aufsätze zur Geschichte der Naturwissenschaften. Berlin 1983.
[73] W. Ostwald: Große Männer. Leipzig 1919.

4. Zeitschriften

[74] Annalen der Physik, Leipzig.
[75] Die Naturwissenschaften, Berlin, Göttingen, Heidelberg.
[76] Naturwissenschaftliche Rundschau, Stuttgart.
[77] Physikalische Blätter, Weinheim.
[78] Zeitschrift für Physik, Berlin, Göttingen, Heidelberg.

5. Archive

[79] Zentrales Staatsarchiv der DDR, Potsdam.
[80] Archiv der Akademie der Wissenschaften der DDR, Berlin.
[81] Staatliches Filmarchiv der DDR, Berlin.

Autor und Verlag danken dem zentralen Staatsarchiv Potsdam für die Bereitstellung des Briefes von Lise Meitner an Max von Laue, dem Archiv der Akademie der Wissenschaften der DDR für die Möglichkeit der auszugsweisen Nutzung von Materialien aus dem zusammengefaßten Bestand der Akademie-Leitung, Nr. 175, OM Hertz, Gustav sowie dem Staatlichen Filmarchiv der DDR für die Kenntnisnahme des Filmtonbandprotokolls Gustav Hertz, Produktionsjahr 1974.
Der Autor dankt insbesondere Frau Professor Dr. sc. phil. Dorothea Goetz für wertvolle Hinweise und Anregungen, Herrn Professor Dr. rer. nat. Gerhard Schulz für die sorgfältige inhaltliche Durchsicht und viele wertvolle Vorschläge für den mathematisch-physikalischen Teil des Manuskriptes.

Personenregister

Lieferbar in dieser Reihe:

Band	Autor und Titel	Preis	Bestell-N
5	Schütz: M. Faraday	4,35	665 165
11	Kauffeldt: O. v. Guericke	5,60	665 663
19	Schmutzer/Schütz: G. Galilei	6,90	665 744
21	Astaschenkow: S. P. Koroljow	10,00	665 778
23	Schreier: Th. A. Edison	6,00	665 776
27	Wußing: I. Newton	6,90	665 834
31	Kaiser: J. A. Segner	4,50	665 840
32	Sittauer: N. A. Otto und R. Diesel	6,40	665 883
37	Kästner: J. Gutenberg	3,50	665 866
43	Kosmodemjanski: K. E. Ziolkowski	10,50	665 930
49	Goetz: G. Chr. Lichtenberg	6,80	665 986
51	Richter-Meinhold: H. Bessemer und S. G. Thomas	4,80	666 039
52	Kirchberg/Wächtler: C. Benz, G. Daimler und W. Maybach	6,80	666 042
53	Sittauer: J. Watt	6,80	666 038
59	Sittauer: F. G. Keller	6,80	666 092
61	Engewald: G. Agricola	6,80	666 113
62	Dunsch: H. Davy	4,80	666 111
64	Stolz: O. Hahn und L. Meitner	4,80	666 142
65	Ullmann: E. F. F. Chladni	4,80	666 143
66	Hoffmann: E. Schrödinger	4,80	666 080
68	Beckert: J. Beckmann	6,80	666 151
69	Schierhorn: W. Friedrich	4,80	666 141

Printed by Printforce, the Netherlands